奇妙物语

"科学起跑线"丛书

总主编　褚君浩

上海科普教育发展基金会资助项目

项目编号：B202109

Wonderful

Stories

鲁　婧

汪东旭　编著

上海教育出版社

SHANGHAI EDUCATIONAL
PUBLISHING HOUSE

丛书编委会

主　任：褚君浩

副主任：缪宏才　张文宏

总策划：刘　芳　张安庆

编　委：（以姓氏笔画为序）

王张华　王晓萍　王新宇　公雯雯　龙　华　白宏伟

宁彦锋　朱东来　庄晓明　孙时敏　李桂琴　李清奇

吴瑞龙　汪东旭　张拥军　周琛溢　茶文琼　袁　玲

高晶蓉　陶愉钦　鲁　婧　鲍若凡　戴雪玲

科学就是力量，推动经济社会发展。

从小学习科学知识、掌握科学方法、培养科学精神，将主导青少年一生的发展。

生命、物质、能量、信息、天地、海洋、宇宙，大自然的奥秘绚丽多彩。

人类社会经历了从机械化、电气化、信息化到当代开始智能化的时代。

科学技术、社会经济在蓬勃发展，时代在向你召唤，你准备好了吗？

"科学起跑线"丛书将引领你在科技的海洋中遨游，去欣赏宇宙之壮美，去感悟自然之规律，去体验技术之强大，从而开发你的聪明才智，激发你的创新动力！

这里要强调的是，在成长的过程中，你不仅要得到金子、得到知识，还要拥有点石成金的手指以及金子般的心灵，也就是培养一种方法、一种精神。对青少年来说，要培养科技创新素养，我认为八个字非常重要——勤奋、好奇、渐进、远志。勤奋就是要刻苦踏实，好奇就是要热爱科学、寻根究底，渐进就是要循序渐进、积累创新，远志就是要树立远大的志向。总之，青少年要培育飞翔的潜能，而培育飞翔的潜能有一个秘诀，那就是练就健康体魄、汲取外界养料、凝聚驱动力量、修炼内在素质、融入时代潮流。

本丛书正是以培养青少年的科技创新素养为宗旨，涵盖了生命起源、物质世界、宇宙起源、人工智能应用、机器人、无人驾驶、智能制造、航海科学、宇宙科学、人类与传染病、生命与健康等丰富的内容。让读者通过透视日常生活所见、天地自然现象、前沿科学技术，掌握科学知识，激发探究科学的兴趣，培育科学观念和科学精神，形成科学思维的习惯；从小认识到世界是物质的、物质是运动的、事物是发展的、运动和发展的规律是可以掌握的、掌握的规律是可以为人类服务的，以及人类将不断地从必然王国向自由王国发展，实现稳步的可持续发展。

本丛书在科普中育人，通过介绍现代科学技术知识和科学家故事等内容，传播科学精神、科学方法、科学思想；在展现科学发现与技术发明的成果的同时，展现这一过程中的曲折、争论；并通过提出一些问题和设置动手操作环节，激发读者的好奇心，培养他们的实践能力。本丛书在编写上，充分考虑青少年的认知特点与阅读需求，保证科学的学习梯度；在语言上，尽量简洁流畅，生动活泼，力求做到科学性、知识性、趣味性、教育性相统一。

本丛书既可作为中小学生课外科普读物，也可为相关学科教师提供教学素材，更可以为所有感兴趣的读者提供科普精神食粮。

"科学起跑线"丛书，带领你奔向科学的殿堂，奔向美好的未来！

褚君浩

中国科学院院士

2020 年 7 月

前言

　　科学技术是第一生产力。创新精神是一个国家、一个民族持续发展的核心动力。少年强，则国强，青少年如果从小热爱科学，乐于创新，那么我们的社会也一定会欣欣向荣，朝气蓬勃。当今的国际社会，谁在科技上领先，谁就拥有话语权。在竞争激烈的当今世界，如何使中华民族立于不败之地，唯有大力发展科技产业，培养科技人才。青少年作为祖国的花朵，担负着中华民族伟大复兴的重任，需要从小养成热爱科学、勇于探究的好习惯，努力成长为社会发展的推动者。

　　纵观历史，社会的每一次变革都离不开发明与创造。站在中华民族文明发展的角度来看，亦是如此。中国是一个农业大国，与农业相关的发明与创造数不胜数，比如铁犁牛耕的出现就大大提高了农业生产效率。中华文明源远流长，造纸术与活字印刷术厥功至伟。在造纸术出现以前，人们记录文字的载体主要是竹简与丝帛，既不方便保存，也不利于传播。而造纸术的出现改变了这一现状，原材料仅为树皮、破渔网等，工艺简单，成本极低。活字印刷术的发明极大地提高了文字印刷的效率，加快了文化的传播速度……站在人类文明发展的角度来看，近代西方科技的发展是推动世界进步的主要动力。瓦特改良蒸汽机，开启了第一次工业革命的进程；第二次工业革命让人类文明进入电气时代；计算机技术和互联网技术让人类的生活再次飞跃。古今东西的创新，都是在基础科学的台阶上拾级而上，注重基础科学的研究是始终不变的课题。

　　在我们的日常生活中，处处都有科学的身影。只要大家勤学好问，自然能够发现身边的科学。比如轮子为什么是圆的，空调、冰箱的制冷原理是什么……对多数青少年读者来说，虽然学习自然、物理、化学等科学教材是接触科学知识的主要手段，但是科学教材有很强的阶段性，与生活联系较弱，难以满足青少年读者的求知欲与好奇心。目前市面上，故事性较强且比较有趣味的科普书籍大多略显低幼，而理论性较强的科普书籍又稍显深奥。其实，很多看似神奇的生活现象背后的科学原理并不难懂。如何将青少年的目光吸引到发现科学现象上来，始终是一项任重道远的任务。为此，本书的科学现象全部取材于日常生活，有利于青少年在阅读时随时联系实际，在真实情境中掌握科学知识与技能，提高他们学习科学的兴趣，培养他们发现科学现象、探索科学现象的精神。

青少年是国家的未来，教育部很早就提出要发展学生的核心素养，培养青少年学生的关键能力与品格，以适应未来社会的发展。当下，正是青少年加强学习科学知识的关键时期。为了把科学知识简明、生动地传递给青少年，引导大家树立科学观念，培养探究精神，编者与上海教育出版社共同策划了这本介绍生活现象背后的科学知识的科普图书——《奇妙物语》。全书共分为七章，每章一个主题，在同一个主题下，选取生活中常见的现象，采用讲故事、插画、原理分析相结合的方式，融科学性、知识性、趣味性、教育性于一体，将物质世界中的声、力、电、光、热等科学知识娓娓道来。为了增强可读性，激发读者的阅读兴趣，本书还设置了阅读拓展、想一想、知识卡等栏目。除了分析生活现象外，本书还涉及科学历史、中华文化、科学精神和科学方法等，期待青少年读者有所发现，有所收获。

本书在编写时参考了多种中外史料与论著，限于篇幅，未能在书中一一注明，谨向这些文献的作者与出版者表示衷心的感谢。限于编者的认知水平，书中内容难免有所疏漏，还望读者朋友批评指正。

编者

2021 年 6 月

奇妙的现象

有味道的海水

天气晴朗，风和日丽。琪琪全家来到海边度假。

一到海边，琪琪就迫不及待地投入大海的怀抱。虽然琪琪游得很卖力，但总是被海浪冲回岸边。琪琪很无奈，只能在较浅的水域扑腾扑腾了。

"这样也好，我们就不会游到太远、太深的水域了。大海妈妈可真了不起，她给海洋宝宝最深的滋养，给陆地宝宝最安全的拥抱。"想着想着，琪琪也就释然了。

琪琪兴趣不减，沉浸在游泳的快乐中。妈妈站在椅子前向琪琪挥手大喊道："琪琪，回来休息会吧！"琪琪一脸兴奋地跑到爸爸妈妈身边，滔滔不绝地讲述着自己刚才是怎么与海水较量的。

琪琪舔了舔嘴唇，一股咸咸的味道袭来。她赶紧拿了一杯水，一边漱口一边说道："没想到，海水这么难喝！可是，为什么海水是咸的呢？难道因为海水里有咸鱼？"

"小艾，小艾，你知道为什么吗？快点告诉我吧。"琪琪冲着小艾问道。

海洋总是以其烟波浩渺、宽广无垠的面貌示人；不仅如此，深邃莫测的蔚蓝色海水也让人充满探索的欲望。那么，海水究竟来自哪里？又为什么会如此苦和咸呢？今后是否会越来越咸呢？

海水来自哪里

说到海水的来源，首先要追溯到地球形成之初。当时，无数微粒物质在太空中聚集，相互混合，成为一个个团块。日积月累，不停运动的团块在碰撞的过程中相互结合，慢慢变大，最终形成了原始的地球。

地球形成之初，整个环境的温度很低，不同质量的物体混杂在一起，就像"一锅乱炖"。随着时间的推移，地球内部逐渐变成一座熔炉，温度与日俱增，地球上的物质开始熔化。此时的地球处于熔融状态，各种物质以液体的形式存在，并逐渐分解，质量较轻者上升，反之下沉。随着千万年的岁月流逝，发热的地球终于降温，地球表面也因此变得凹凸不平，像是一张晒干的橘子皮，其中大面积凹陷的地形就是海洋盆地的雏形。

远古地球的组成物质中蕴含着大量的水分和气体，它们的主要存在形式是与岩石相结合，而这种结合是相当松散的。在地球重力的作用下，岩石之间的距离越来越近，更加紧密地重叠在一起。由于这种挤压力量巨大，岩石中的水汽逐渐排出。久而久之，相当多的水汽聚集在一起，它们越积越多，引起地壳运动，致使新生地球发生大规模的地震，从而引起猛烈的火山爆发。

彼时，大量受到挤压的水汽终于挣脱了岩石的束缚，

海底陆地的形态主要有三大基本单元：大陆边缘、海洋盆地和大洋中脊。广义上的海洋盆地是指大陆架和大陆坡之外的整个海洋；狭义上的海洋盆地是指大洋中脊和大陆边缘之间的深洋底。

奇妙物语

同陆地一样，海底也有巍峨的山脉，海底丘陵起伏不定，海岭一样绵长，海沟同样深邃，海底平原也让人一眼望不到头。延伸八万千米的大洋中脊纵贯大洋中部，其宽度从数百千米至数千千米不等，总面积与全球陆地不相上下。

在地震与火山爆发的双重作用下从地壳中喷涌而出。一旦这些水汽进入天空，首先是遇冷凝结，形成大片的积雨云，再与空气中的微粒结合，变成雨水降落地面。而这一过程是不断重复的，漫长而久远。水汽被不断地从岩石中挤压出来，又随着火山爆发、地震进入空中，所以地球长久以来处在雨水浸润的环境下。不过，这种环境可没有想象的那般美好。当时的地球环境极其恶劣，处处电闪雷鸣，狂风骤雨，浑浊的水流气势磅礴，所到之处沟壑纵横，最终汇集于洼地，形成最早的江河湖海。

海底地形

海底平原

大陆架

海底火山

大陆坡

恶劣的环境

大洋中脊

海水为什么是咸的

海水的咸味主要来自相当数量的盐——3%左右。那么，海水中的盐又是从何而来呢？其实在海洋形成之初，海水和江河湖泊里的水一样都是淡而无味的。不过海洋里的水太多了，导致海水的蒸发量相当巨大。每年上亿吨的海水从海洋表面蒸发，再变成雨水降落到地球的每个角落。地球上不同形式的水总是不停地循环运动。水遇热蒸发，在空气中形成小水珠，这些小水珠可以与大气中的二氧化碳发生反应，生成碳酸。因此，雨水有点酸。

略带酸性的雨水从天空中落下，又与岩石中的矿物质相互作用，形成新的矿物质和盐。溪水、河水汇入大江大河，一路冲刷并不断地破坏岩石，把土壤和岩石中的可溶性物质（绝大部分是盐类物质）带入江河中。最终，陆地上的水又回到了老家——大海。就这样，源源不断的盐类物质随着水流进入海洋，而在海水的蒸发过程中，盐类物质

矿物质是地壳中自然存在的化合物或天然元素，又称无机盐。除了生活中用以调味的食用盐外，钙、铁、锌等元素以及硫酸镁、谷氨酸钠等化合物都属于矿物质。

却又不能随水蒸气蒸发，只能累积在海洋里。如此循环，日积月累，海洋中的盐类物质越积越多，海水也就变得越来越咸了。当然，这个过程极为缓慢。但是在地球漫长的生命历程中，这些盐类物质经过漫长岁月的积累，其数量就变得极为可观了。

另外，沿着大洋中脊，在接近海洋地壳的地方有岩浆。当海水渗入地壳时，岩浆的高温会让海水变热，这种热海水溶解了地壳中更多的矿物质，并将它们通过火山喷发口带到海洋，这也是海水变咸的一种原因。

水循环的发现

佩罗是法国水文学家，定量水文学的创始人。佩罗在塞纳河流域开展了为期三年的降水观测，他根据年平均降水量估算了塞纳河流域的年降水量，并与估算的年径流总量比较，提出河流的年径流量只是年降水量的 1/6。他通过实验首次科学地证明了"河水源于降水，降水补给河流有余"的看法。佩罗在塞纳河上游对降水径流的观测分析工作是水文学史上的里程碑。

虽然他的实验技术还比较原始，计算数据也未必精确，但他的论断是正确的。他的这一发现后来被马略特用较为精密的观测技术所得成果证实。

为了纪念佩罗对水文学的贡献，1974 年，联合国教科文组织和世界气象组织在巴黎举行了科学水文学创立三百周年纪念活动。

直到今天，人们对自然界的水循环从未停止过研究。水资源作为地球生命生存的根本，如今也面临着一些危机与挑战。例如工业废水的无序排放，造成河流、湖泊的污染，进而影响人们的饮用水源；工业废气、汽车尾气不加控制地排放，会使大气中的有害颗粒物增加，加大酸雨形成的概率，从而影响整个水循环系统。

水汽输送

植物蒸腾

蒸发

降水

下渗

地表径流

地下径流

水循环示意图

 想一想

海洋是生命的摇篮，其面积约为整个地球的 71%。从亿万年前到如今，海洋在地球上无数生命的活动中仍然扮演着不可或缺的角色。

想一想：在今天的地球环境下，海水是否还会继续变咸？我们能为海洋的开发与保护做些什么呢？

知识卡

* 海水来自地球水循环中水的汇集。

* 海水有咸味是因为水循环过程中盐类物质的溶解和积累。

* 水循环的主要环节包括降水、径流、蒸发等。

会眨眼的星星

晚饭后，爸爸带着琪琪去海滩看星星。琪琪抬头望去，夜空中布满了星星，美丽极了。

爸爸伸手指向北方，拉着琪琪说："瞧！这就是北极星。它是小熊星座中最亮的一颗。因为地球绕着地轴自转，而北极星与地轴的北部延长线非常接近，所以夜晚看北极星几乎是不动的，它就在头顶偏北方向。因此，北极星可以帮助我们指示北方，是古代航海、野外活动中辨认方向的一个重要参考。"

琪琪顺着爸爸指的方向看去，那颗又大又亮的星星，一闪一闪的，仿佛在和她打招呼。

看着看着，琪琪陷入了沉思，一个问号从她的脑袋里冒出来："星星为什么总是在眨眼睛呢？难道星星真的长了眼睛吗？"

爸爸面露难色地说道："这个问题，我也很想知道呢。快问问'百事通'小艾吧！"

最亮的那颗星星就是北极星了。

其实，星星并不会眨眼睛，每个星星都是一个星体，所谓的"眨眼睛"就是星体在闪烁。要弄清星星闪烁的原因，就要先了解星星的种类及其发光的原因。

星星有两类

第一类星星属于自己会发光的星体，它们的名字叫作恒星。我们最为熟知的恒星之一就是太阳，太阳本身正处在不断发光的状态。由于太阳的光线过于强烈，所以白天天空中我们只能看见太阳光，其他发光的恒星在太阳光的遮蔽下不为人们所见。

第二类星星属于自己不发光但会反射光线的星体，这些星体包括行星、卫星和其他小星体。有些行星和卫星有大气层，也有些没有。不过，无论是否存在大气层，这些星体都可以反射光线。虽然太阳系中的大多数行星和卫星距离太阳都很远，但是，由于太阳光过于强烈，远处不发光的星体仍然可以反射它的光芒。因此，这些星体本身并不是光源，它们依靠太阳来发光。

大气层是因重力作用而围绕着星体的一层混合气体，是星球最外部的气体圈层，包围着整个星球。不同星体大气层的厚度并不相同，也没有明显的界限。

太阳与八大行星

星星为什么会"眨眼睛"

星星"眨眼睛",其实就是光线的闪烁,也就是大气折射导致的星象抖动。什么是光的折射呢?简而言之,当光穿过密度不同的介质时会发生偏折,偏离最初的传播方向。

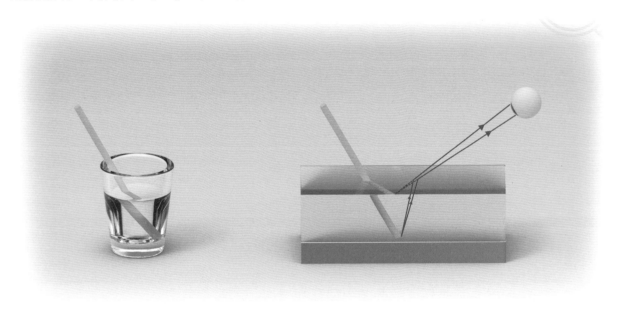

光的折射

我们生活的地球是一颗行星,地球的外围覆盖着大气层,我们可以把大气层当作罩在地球上的水晶球。不过,这颗水晶球一直处在运动的过程中,就像河水流动一样。不仅如此,大气层的不同位置厚薄不均,温度也不尽相同。

当星星的光穿越太空射向地球时,它需要穿过地球厚厚的大气层,而不断变化的大气层就是一种密度不同的介质,所以光线会在这里发生折射,也就是大气折射。大气层每时每刻都会把星光往不同的方向作不同程度的折射,有时折射后我们看到的星光变亮,有时折射后我们看到的星光变暗。

因此,星星的光芒在传到我们眼睛的过程中,总是会左右飘忽,明暗不定,前后不同,总是在不断地变化。这就造成我们的眼睛一会儿看得见星星,一会儿又看不见星星,也就是为什么我们看到的星星总是一会儿亮一会儿暗,一闪一闪"眨眼睛"的原因。如果你看地平线附近的星星,你会发现天上的星星闪得更加频繁呢。这是因为在地平线附近,星星的光要经历更多次的折射哦。

光的折射定律

斯涅耳

斯涅耳，荷兰莱顿人，数学家和物理学家，曾在莱顿大学担任过数学教授。他最早发现了光的折射定律，从而使几何光学的精确计算成为可能。斯涅耳的这一折射定律（也称斯涅耳定律）是从实验中得到的，未做任何的理论推导，虽然正确，但却从未正式公布过。光的折射定律：光入射到不同介质的界面上会发生反射和折射。其中，入射光和折射光位于同一个平面上，并且与界面法线的夹角满足一定关系。

想一想

曾几何时，漫天璀璨的星光是记忆里最美好的景象。工业的发展除了带来生活的便捷外，也造成了一定的环境污染。例如煤炭开采造成大片土地的裸露，工业建设、城区开发带来了粉尘，乱砍滥伐使森林变黄土等，这些人类行为都会使大气污染颗粒物有所增加，从而大大降低了空气质量。想一想：为了拥有优良的空气质量，重见满天星光，你有哪些好的建议呢？

知识卡

* 星星有两类：一类是自身会发光的恒星，一类是只能反射光的行星、卫星等。
* 星星"眨眼睛"是因为大气层厚薄不均且不断运动，光线在传播过程中发生了折射。

绚丽的极光

琪琪和爸爸一颗一颗地认识夜空中的星星。

"爸爸，牛郎星和织女星在哪里呀？"琪琪拽着爸爸的衣服问道。

爸爸一边伸手指向天空中的一条银白色的光带，一边说道："你瞧，牛郎星和织女星就分别位于银河的两边，看见了吗？"

"看到啦，看到啦！银河好美呀，就像一条玉带，横贯星空呢。"琪琪欢呼着。

"爸爸，夜空中还有什么光可以和这美丽的银河一较高下呢？"琪琪追问道。

爸爸想了想答道："当然有，极光也很美，不过只有在一些特定的地方才能看到哦。"

"极光？极光又是什么呢？是不是只有在地球的南极和北极才能看到呢？"一连串的问题闪现在琪琪的脑海里。

"小艾，小艾，什么是极光？极光是怎么形成的？"琪琪迫不及待地问道。

哇，好美的银河啊，还有牛郎星和织女星呢。

神秘莫测的天空总会出现令人好奇的景象，如在靠近地球两极的地方就有让人着迷的极光出现。南北两极是地球磁场的磁极地区，极光出现于此与之有一定的关系。极光也有不同的形状，而且有时稳定，有时会有连续性的变化，一般来说，带状、弧状、幕状以及放射状较为常见。极光的产生需要一定的条件，具体包括大气层、磁场和高能带电粒子。

高能太阳风

太阳作为一颗不断发光的巨大星体，无时无刻不在向太空抛射高温高速荷电粒子，由这些粒子构成的太阳风会吹向太阳系中每一颗所能到达的星体。地球是一个庞大的磁体，在地球的周围分布着广泛的磁场，就像一个防护罩保护着我们。地球的磁力线绕着纬线，交汇于南北两极。

地球磁场是指分布在地球周围空间的磁场。磁极的南北极与地理上的南北极相反，地磁南极在地理北极附近，地磁北极在地理南极附近。

地球磁场的磁力线按照赤道附近水平、两极附近垂直的方式分布。磁力强弱具有赤道附近较弱、两极附近较强的特征，并且地球磁场由于受到各种因素的影响，会随着时间处在变化的状态中。

地球磁场

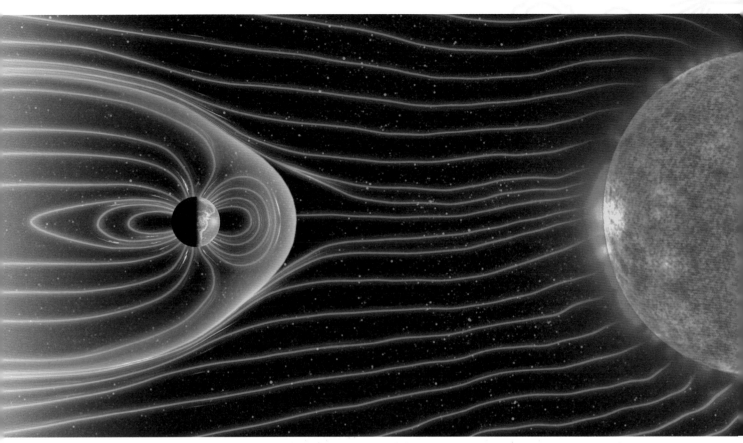

太阳风掠过地球

当宇宙中高速飞来的荷电粒子掠过地球磁场时，大部分会在磁场的作用下偏离原来的轨道，但是也有一部分粒子会沿着地球磁场的磁力线进入南北两极，这些入境的高能粒子会最先接触上层大气。而大气中的氧气和氮气会与它们发生碰撞，从而出现不同颜色的光，其中以红光和绿光较为常见。

色彩缤纷的极光

为什么极光会有不同的色彩呢？当太阳风携带的高能粒子接触到地球大气时，这些带电粒子会与大气中的分子和原子发生碰撞，并将能量传递给大气中的分子和原子，大气中的分子和原子又会将这些能量以光的形式释放出来。地球大气主要由氧气和氮气组成。而在空气稀薄的大气高层，氧和氮大多以氧原子、氧分子、氮原子、氮分子的形式存在。当它们与高能粒子碰撞时，会产生各种不同颜色的光，比如氮原子会释放出蓝光，由两个氮原子组成的氮分子会释放出紫光。而释放的颜色也会因高度不同而有所变化。比如：氧原子在海拔较低时会释放出绿光；当海拔升高至大气上层时，就会释放出红光。当这些不同的颜色融合时，就会产生其他颜色，比如粉红色和黄色。所以，极光可以是单一的颜色，也可以是绚丽的彩色。

总体来说，极光是一种等离子体现象，通常出现在带有磁场的行星的高纬度地区。在地球上，大约距离地磁极20°至30°的范围内常会出现极光，这个区域被称为极光带。当地磁暴发生时，在较低纬度的地方也会出现极光。地球上的极光是由于荷电粒子在地磁场的作用下进入地球，并与大气中的成分发生碰撞而造成的发光现象，有南极光与北极光的地域之分。

地磁暴指的是高能粒子进入地球环境所带来的空间环境扰动事件。当地磁暴发生时，会影响正常的人造卫星工作，如通信卫星将无法正常通信，甚至有时可能会中断通信；气象卫星、军事卫星也无法监测地球等。

极光

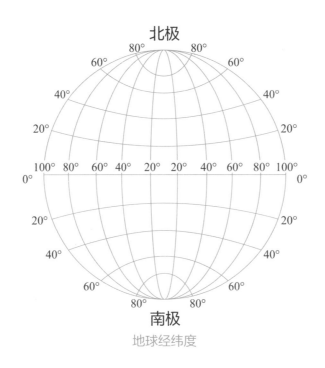

地球经纬度

卡林顿事件

19 世纪，英国有一位叫卡林顿的天文爱好者。他在伦敦附近造了一幢房子，里面建有一间天文观测室。他就在这间自己的天文观测室里日复一日地观测太阳，描绘太阳表面的黑子。

1859 年 9 月 1 日早晨，卡林顿观测太阳黑子时，发现太阳北侧的一个大黑子群内突然出现两道极其明亮的白光，在一大群黑子附近正在形成一对明亮的月牙形的东西。他从来没有看到过这样的东西。他兴奋地冲出观测室，想找个人来证明他的发现。可是，楼里空无一人。当他急忙回到望远镜旁时，吃惊地发现刚才所看到的东西已经消失了。

幸好，另一位英国天文学家霍奇森也看到了这次太阳爆发，并向英国皇家天文学会报告了他的观测结果。不过，人们还是把发现的荣誉给了卡林顿，称这次事件为"卡林顿事件"。在此之后，天文学家发现，太阳上不时会出现这类事件，只是强度不如卡林顿事件。天文学家把这类事件称为太阳耀斑。

想一想

太阳作为地球能量的重要来源，对人类的生产和生活有着不可替代的作用。从古至今，人类都在不停地观测和探索太阳的未解之谜。除了极光外，请你查资料了解：太阳内部还有哪些神奇反应？还有什么地球现象与太阳活动有关呢？

知识卡

* 极光产生的原因是高能粒子在地球磁场的作用下发生偏折并与地球两极上空的空气发生碰撞。

* 高能粒子与空气中的不同气体发生碰撞，产生不同颜色的光，这就是极光有不同色彩的原因。

太阳黑子爆发

梦幻的海市蜃楼

午后的大海格外平静，阳光洒在海面上，泛起一道道金光。

遥远的海面上，热气腾腾，带着空气一起，仿佛有颤抖的感觉。突然之间，琪琪起身坐直，瞪大眼睛，紧紧地盯着远方。"咦，那是什么？大海上怎么会突然有几栋高楼？"琪琪惊讶地叫道。果不其然，几栋高楼影影绰绰地竖立在水面上，时而清晰，时而模糊。

这时，她身边的人也都兴奋起来，大家你呼我喊："快看，海市蜃楼！"琪琪也跟着兴奋起来。之前，她只在书里看到过有关海市蜃楼的描述，总是给人神奇与缥缈的感觉，这次突然看见，琪琪竟有些不相信自己的眼睛了。

兴奋之余，琪琪也心存疑惑：这真是海市蜃楼吗？大海里的海市蜃楼和书本中提到的沙漠中的海市蜃楼是一回事吗？

她越想问题越多，不行，还得问问小艾："小艾，你能跟我讲讲海市蜃楼是怎么形成的吗？"

快看，大海上怎么出现了一些高楼大厦呢？

静谧的海平面、宽广的江河、一望无际的雪原以及人迹罕至的沙漠，有时会出现高大的楼台、城市的轮廓、成群的树木等幻景。它们有的在空中，有的在地上，令人啧啧称奇，这就是人们常说的海市蜃楼。那么，海市蜃楼这一名称由何而来？它的产生又与什么有关呢？

海市蜃楼的由来

海市蜃楼有时也被称为蜃景。蜃，在中国古代神话记载中是一种形似大蛤蜊，能吐气的海怪。所谓海市蜃楼，是蜃所吐之气形成的城市与楼阁。古代的中国与日本都有相关的传说，日语的"蜃气楼"一词据说是由"蜃"吐"气"而成的"楼阁"得来。蜃也被认为是一种灵兽，在《礼记·月令》中有"雉入大水为蜃"的描写。

立冬三候：水始冰，地始冻，雉入大水为蜃。雉，野鸡；蜃，大蛤蜊。

海市蜃楼也有很多类

海市蜃楼实际上是物体反射的光经过大气折射作用而形成的结果，所形成的幻景是一种虚像，究其根本，这是一种光学现象。海市蜃楼并不随处可见，它的出现需要一定的客观条件，比如气象环境、地理位置等。海洋、沙漠是海市蜃楼高频出现的地方。如果从多个角度来看的话，海市蜃楼有不同的种类。首先，蜃景出现的位置相较于原物的位置就有三种情况，出现在原物上方的称之为上蜃，以此类推，还有下蜃和侧蜃；其次，蜃景与原物有时具有一定的对称关系，可以分为正蜃、侧蜃、顺蜃和反蜃；最后，有些蜃景带有色彩，有些则没有，据此便可以将海市蜃楼分为彩色蜃景和非彩色蜃景。

反射是一种光学现象，是指光在传播到不同物质时，在分界面上改变传播方向又返回原来物质中的现象。光遇到水面、玻璃等物体的表面都会发生反射。

海市蜃楼的种类

分类标准	类别			
蜃景出现的位置相较于原物的位置	上蜃	下蜃		侧蜃
蜃景与原物的对称关系	正蜃	侧蜃	顺蜃	反蜃
蜃景的颜色	彩色蜃景		非彩色蜃景	

海市蜃楼的形成原理

密度指的是物质的质量与体积的比。通俗来说，相同大小的物质，质量越大，密度越大。比如一瓶水的密度要比相同的一瓶空气的密度大。

地球上的大气一直处在变化中，各种各样的原因会导致空气的冷热不均。冷空气的密度比暖空气的密度大，因此光线从暖空气进入冷空气时会发生比较大的弯折，所以冷空气有较大的折射率。光线从冷空气进入暖空气与从暖空气进入冷空气时的偏折是不一样的。举例来说，夏季海面的温度比上层空气的温度低，光线就会弯曲朝下呈现凸起的轨迹，就像一根抛物线。当弯折的光线进入我们的眼中时，视觉系统将会把它理解为沿着我们的视野延伸出去的方向。这样，我们就会错误地以为物体出现在海水的上方，这种现象就是上蜃景。所以，我们所看到的蜃景其实位于偏折光线的上方。

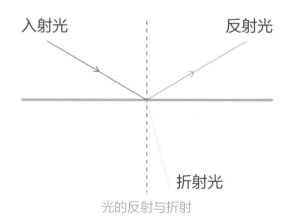

光的反射与折射

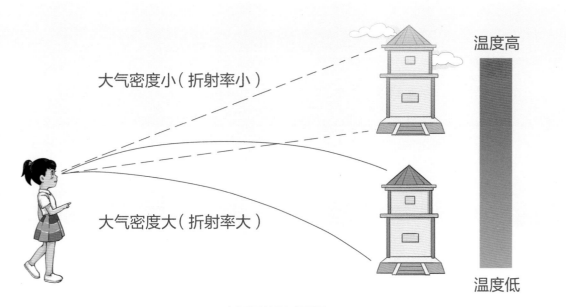

大气密度小（折射率小）

大气密度大（折射率大）

温度高

温度低

上蜃景的形成原因

这样，我们就知道了海市蜃楼的产生一定要有光线穿过不同温度的空气，并且发生偏折。然而，海市蜃楼的产生所需要的温度变化条件也是苛刻的。稳定状态的地球大气层的温度垂直梯度大约是温度每降低 1℃，海拔至少需要上升 100 米，而产生蜃景所需要的温度梯度必须要大得多，梯度量级至少要达到每米 2℃，而要出现明显的蜃景，则需要达到每米 4℃ 或 5℃。这些条件经常出现在被过度加热的地面，例如当太阳一直照耀着砂石或沥青时，通常就会生成下蜃景。

沙漠里的"水"从何而来

我们再来看看沙漠中的"水"是如何形成的，这其实是下蜃景，绝大多数是一种让人分辨不清的虚假幻象。当沙漠处在炎热的阶段，沙粒会被不断加热，而上层空气的温度会变得相对较低。由于冷热空气的密度不同，所以来自天空的光首先会穿过较为致密的冷空气，再进入相对稀薄的热空气。当光线从较大密度的介质传播到较小密度的介质时，会逐渐弯曲，最终会超过临界角度，这个角度就是光被反射的角度，此时发生的现象叫作全内反射。同样的，当反射光到达我们的眼睛时，我们的视线会笔直地往后延伸，于是蓝天的倒影便会出现在地面上，我们的大脑就会认为那里有水，这就是沙漠中看到的海市蜃楼。

海市蜃楼那些事儿

在中国诸多的古代文学作品中，多次出现关于海市蜃楼的描写。《山市》是清代文学家蒲松龄创作的一篇文言短篇小说，此文描写了"山市"从出现到幻灭的神奇景象。北宋科学家、政治家沈括在《梦溪笔谈》中这样写道：登州海中，时有云气，如宫室、台观、城堞、人物、车马、冠盖，历历可见，谓之"海市"。

蓬莱阁，中国四大名楼之一，依山傍海，山光水色堪称一绝。在古代传说中，渤海里有三座神山，即蓬莱、方丈、瀛洲。相传当年，秦始皇出海求药和八仙过海的故事都发生在这里。历史上，蓬莱阁常有海市蜃楼出现，散而成气、聚而成形，虚无缥缈，变幻莫测，更为蓬莱平添几分神韵。可以设想，在蒙昧未开的年代，当海市蜃楼突然出现在古人面前时，会是一种怎样的心灵震撼。

 想一想

在了解了海市蜃楼的形成原因后，你能否说一说除了大海与沙漠外，海市蜃楼还可能出现在哪里？有时在炎热夏天的城市柏油马路上，远远望去，似乎有一层层水汽升起，这一现象的产生原理和海市蜃楼一样吗？

知识卡

* 海市蜃楼的说法来自传说中蜃所吐之气形成的楼阁。
* 海市蜃楼出现的位置往往与原物的位置有所不同。
* 海市蜃楼是光线在不同密度的空气中折射与反射所形成的虚像。

2

神奇的变化

变色的咖喱

明天就是琪琪期盼已久的春游活动啦！

晚饭后，琪琪正在准备明天的食物。"薯片、奥利奥、彩红糖……"琪琪一口气报了一大串自己爱吃的零食。

妈妈连忙阻止道："只带零食可不行，必须先准备一样主食。"

琪琪托着腮，想了一会儿，说道："妈妈，帮我准备一份咖喱饭吧！"

妈妈看着琪琪充满期待的小眼神，点点头，答应了。

不一会儿，厨房里传来一阵香味。琪琪迫不及待地溜进厨房，她一边偷吃一边点头称赞。一不小心，勺边残留的咖喱汁滴了下来，正好滴在琪琪雪白的校服上。

"怎么办，明天还要穿呢！"琪琪赶紧脱下校服，冲到洗手池旁，拿起肥皂涂抹污渍，并使劲地搓了起来……

起初，咖喱汁是黄色的。琪琪搓了一会儿后，咖喱汁的颜色不但没有变浅，反而变成了暗红色。

到底是怎么回事，还是去问问小艾吧。"小艾，小艾，咖喱汁为什么会变红呢？"

琪琪，我来告诉你咖喱汁变红的道理吧！

在我们的身边，有时会发生一些有趣的变色现象，比如不同颜色的果汁加水后颜色会变浅，含淀粉的食物遇到碘液会变成蓝紫色等。这些变色现象都很奇妙，它们产生的原因却各不相同。那么，为什么咖喱汁遇到肥皂会变红呢？我们一起来了解一下吧。

认识姜黄

首先，我们先来认识一种非常有价值的植物，它的名字叫作姜黄。姜黄，还有很多其他的名字，比如郁金、宝鼎香、毫命等。姜黄在植物学中的分类属于芭蕉目，是一种多年生草本植物。姜黄一般的生长高度大约在 1—1.5 米之间，具有十分发达的根茎结构，特别是根部十分粗壮，末端呈现块状；叶片的形状以长圆形或椭圆形为主，顶端变短变尖。

姜黄是一种中药，具有较高的药用价值，其所含的姜黄素可以有效抑制癌细胞的生长，在预防与治疗癌症中有一定的效果。姜黄素提取物还可以成为一种化学试剂。姜

多年生草本植物的特点是生长周期在两年以上，植物的茎部为草质茎，较为柔软。

自然界中的绿色植物种类庞杂，数目众多。想要更好地认识它们，就需要对它们进行分类，常见的分类等级有门、纲、目、科、属、种等。

姜黄

黄主要的产区在中国台湾、云南、福建等地，南亚以及东南亚也有广泛栽培。姜黄喜爱温暖湿润的气候，在阳光充足、雨水较多的环境中生长较为茂盛，不耐寒冷与干旱。

咖喱变红的奥秘

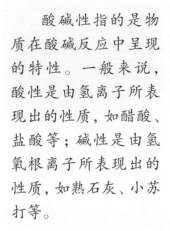

酸碱性指的是物质在酸碱反应中呈现的特性。一般来说，酸性是由氢离子所表现出的性质，如醋酸、盐酸等；碱性是由氢氧根离子所表现出的性质，如熟石灰、小苏打等。

前面已经介绍过，姜黄中的姜黄素是一种化学试剂，可以用来作为天然的酸碱指示剂。姜黄素与不同物质之间的反应，可以告诉我们物质的酸碱性。当姜黄素遇到酸性物质时，它是不会变色的；而当姜黄素遇到碱性物质时，它就会从黄色变成红色。

根据姜黄的生长区域，以及东南亚、南亚地区的饮食习惯，我们可以猜测姜黄是咖喱中的一种成分。事实亦是如此，咖喱是由多种香料合成的复合调料，其中以姜黄为主料，还包含辣椒、孜然、八角、桂皮等香料。

咖喱中含有姜黄，咖喱汁中自然也含有姜黄。而肥皂是一种碱性物质，当用肥皂搓洗咖喱汁时，咖喱汁中的姜黄素遇到了碱性的肥皂水，就从黄色变成红色了，这就是咖喱汁变色的奥秘了。

各种各样的香料

酸碱指示剂的发现

波意耳是英国的著名化学家，近代化学的奠基人。据说波意耳的女友去世后，他一直把女友最爱的紫罗兰带在身边。在一次紧张的实验中，放在实验室内的紫罗兰被溅上了浓盐酸，爱花的波意耳急忙把冒烟的紫罗兰用水冲洗了一下，然后插在花瓶中。过了一会儿，波意耳发现深紫色的紫罗兰变成了红色。这一奇特的现象促使他进行了许多花草与酸碱相互作用的实验。由此，他发现了大部分花草受酸或碱作用都能改变颜色，其中以石蕊中提取的

波意耳

紫色浸液最明显。它遇酸变成红色，遇碱变成蓝色。利用这一特点，波意耳用石蕊浸液把纸浸透，然后烤干，这就制成了实验室中常用的酸碱试纸——石蕊试纸。

除了姜黄、石蕊等天然的酸碱指示剂外，还有许多植物可以成为检测酸碱性的工具。一般来说，这些植物中都含有与酸碱性物质发生变色反应的成分，比如含有花青素和甜菜红素的植物等。

现代科学中，测量酸碱性较为精确的方法是利用 pH 试纸。一般来说，pH 小于 7 说明物质呈酸性；pH 等于 7 说明物质呈中性；pH 大于 7 说明物质呈碱性。

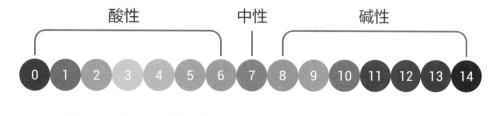

酸碱性量表

奇妙物语

 想一想

　　生活处处皆科学。在了解了咖喱的特性后，想一想：如果用柠檬汁接触咖喱汁，咖喱汁会变红吗？根据你所阅读的内容，找一找生活中还有什么植物可以作为天然的酸碱指示剂。

知识卡

* 姜黄是一种多年生草本植物，具有食用价值与药用价值。

* 姜黄素是一种天然的酸碱指示剂，遇酸不变色，遇碱变红色。

半袋薯片去哪儿了

春游活动开始了，琪琪和小伙伴们一起走进大自然，欣赏春天万物复苏、生机勃勃的景色。

大家玩累了，就围坐在草地上，一边分享着自己带来的美食，一边开心地聊着属于她们的话题。

最受欢迎的零食非薯片莫属，几乎人手一袋。琪琪也拿出了书包里的薯片。咦？这次的包装与众不同，上面写着几个醒目的大字——樱花粉荔枝气泡水味。这一定是新口味，我要和小伙伴们一起鉴定一下。于是，琪琪向小伙伴们介绍自己带来的新品种，小伙伴们顿时安静了。

只听"砰"的一声，琪琪打开了袋子。原本涨得很大的袋子，瞬间瘪了下去，偌大的袋子里，薯片只装了一半。小伙伴们的脸上顿时流露出一丝丝失望。

琪琪看了看小伙伴们手中的薯片袋子，她的脸上充满了疑惑。"小艾，小艾，为什么薯片都只装半袋呢？难道是商家暗自达成的约定吗？"

奇妙物语

　　"名不副实"的薯片包装并不是商家的默契，其实是与食品的保存方式有关。要了解薯片包装袋背后的故事，我们要先从物质的变化开始说起。

什么是酸败

　　我们都知道，如果食物长时间地暴露在空气中，会发生变质与腐烂。这种现象是由多种原因造成的，包括食物中的多种物质变化、微生物的作用等。如果食物中的油脂过度暴露在空气中，在经过了空气以及微生物的作用后，就会产生一种带有臭味的气体，这就是酸败现象。

　　酸败的产生过程中，油脂中的不饱和脂肪酸会发生氧化，从而产生过氧化物，并且会进一步降解，生成醛、酮、酸的复杂混合物，而这些混合物具有挥发性。一般来说，酸败发生后，油脂的密度会降低，碘值会降低，酸值会升高，这就是产生恶臭的原因。

　　简单来说，食物的酸败，其实是油和脂肪被氧化，从而导致食物腐败。当食物腐败到一定程度时，就会产生难闻的气味。所以，此时的食物就不可食用了，否则会有安全隐患。由于薯片中含有比较多的油和脂肪，当薯片遇到空气中的氧气，就很可能会发生酸败反应，进而腐臭。为了防止出现这种现象，制造商就把氮气充入成袋的薯片里。那么，为什么充了氮气的薯片就不容易发生酸败反应了呢？

　　不饱和脂肪酸是人体内不可缺少的物质，主要作用有促进细胞活性，改善血液循环，提高记忆力和思维能力。

生锈是一种氧化现象，铁和空气中的氧气发生反应，生成铁锈

神奇的食物保护者

薯片袋子里的氮气到底是一种什么角色呢？就让我们一起走近并了解它吧。氮气的化学式写作 N_2，通常情况下以无色无味的气体状态呈现。一般来说，氮气的密度小于空气。氮气约占空气总量的 78%，可以说是构成空气的主要成分之一。在标准大气压下，如果想将氮气变成无色的液体，则需要冷却至 −195.8℃，当温度降低至 −209.8℃时，液态氮将会变成雪花状的固体。氮气的化学性质不活泼，常温下几乎不和其他物质发生反应，所以常被用作防腐剂的原料。

至此，半袋薯片的秘密就公之于众啦。袋子里的氮气实际上扮演着食物保护者的角色，充满袋子的氮气不会与薯片里的油和脂肪发生反应，所以酸败发生的概率就会显著下降。此外，袋子中的气体还可以防止薯片被压碎，保证口感，所以基本上每袋薯片都只装半袋。

空气的主要成分包括氮气、氧气（约占 1/5）、二氧化碳、水以及少量的稀有气体。

厨师在用液氮煮冰淇淋

氮气不仅仅出现在薯片袋中，它也是很多食品中的常客。作为一种日常的食品添加剂，从简单的快餐到精美的糕点，从普通瓶装水到各式饮料，几乎随处可见氮气的身影。只不过，低调的氮气很少出现在食物配料表中罢了。

元素"氮"的故事

氮的不活泼性广泛用于电子、钢铁、玻璃工业，还用于膨胀橡胶的填充物，工业上用于保护油类、粮食等，精密实验中用作保护气体。

氮是植物生长的必需养分之一，它是每个活细胞的组成成分。氮素是叶绿素的重要组成成分，它对植物生长发育的影响是十分明显的。当氮素充足时，植物可合成较多的蛋白质，促进细胞的分裂和增长，因此植物叶片面积增长较快，能有更多的叶片面积用来进行光合作用。

由于氮的化合物是一种重要的肥料，所以把氮气转化为氮的化合物的方法叫作氮的固定，主要用于农业上。一种固氮的方式是利用植物的根瘤菌。根瘤菌是一种细菌，能使豆科植物的根部在自然条件下形成根瘤，它能把空气中的氮气转化为含氮的化合物供植物利用。"种豆子不上肥，连种几年地更肥"就是这个道理。

 **想一想**

氮气除了可以保护食物不变质外，在其他方面也有大量的应用。查查资料：了解为什么在有些灯泡中会填充氮气。工业生产中，往往不会过度依赖单一原料。那么除了氮气外，还有什么物质可以作为防腐剂使用呢？

知识卡

* 酸败指的是油脂发生氧化反应，腐败变质并发出恶臭的现象。

* 氮气的化学性质不活泼，很难与其他物质发生反应，常被用作保护气体。

跳舞的糖果

　　樱花粉荔枝气泡水味薯片瞬间被小伙伴们"一抢而空"，没想到新口味的薯片这么受大家欢迎，琪琪心里可开心啦！

　　这时，琪琪身旁的乐乐一边神秘地从书包里拿出一大袋糖果，一边朝着小伙伴们嚷嚷起来："我也带来了新品种，它的名字叫跳跳糖。只要把它放进口中，你就会感受到它在你的舌头上跳舞呢，大家快来尝尝吧！"

　　"什么？会跳舞的糖果，快点给我一包，我好想试试。"琪琪一边说着，一边从乐乐手里接过一包跳跳糖。她立马打开袋子，倒了几粒在舌头上。太神奇了，她能真切地感觉到跳跳糖在自己的舌头上噼里啪啦地跳舞，跳了好一会儿后，才渐渐地平静下来。

　　可是，爱思考的琪琪又有了新问题："为什么跳跳糖会跳舞呢？不会是因为它们的腿上装了弹簧吧！小艾，小艾，你快告诉我。"

真的是会跳舞的糖果呢！

　　会跳舞的糖果其实有个好听的名字叫作跳跳糖。跳跳糖充满童趣，既好吃又好玩。跳跳糖是如何在口中起舞的呢？其中又包含哪些成分呢？相信你也对它的制作方法充满兴趣，让我带你慢慢了解吧。

糖果的制作过程

　　跳跳糖是一种外观比较细小的颗粒状硬糖，有许多不同的色彩，加上甜甜的味道，深受小朋友的喜爱。

　　那么要了解跳跳糖的制作工艺，我们有必要先来梳理一下普通硬糖的制作过程。糖果的主要成分包括白砂糖、水、玉米糖浆以及各种香精等。硬糖的制作过程如下：首先，把所有的原材料混合在一起，进行充分搅拌，通过加热，各种配料会溶化成黏稠的液体；其次，加热的工序不能停止，在持续加热的过程中，液体中的水分被慢慢蒸发，等到液体中的大部分水分蒸发完后，便只剩下更为黏稠的糖浆；然后，把糖浆倒入各式各样的模具中，放入冷却的容器中等待冷却；最后，当糖浆冷却变硬后，造型各异的硬糖就基本制作完成了。

各式各样的糖果

糖果跳舞的秘密

跳跳糖也是一种硬糖，不同点在于跳跳糖是很小的糖果晶体，并且它们能在舌尖旋转、跳跃。如果将跳跳糖放入水中，就会发现有许多小气泡产生，这说明跳跳糖溶化后产生的气泡本身存在于糖果之中。那么，这种存在于糖果中的气体是普通空气还是某种特殊气体呢？

下面，我们一起来做个实验吧。通过一个实验装置，将跳跳糖溶化后释放出来的气体导入澄清石灰水中。我们会发现，澄清石灰水变浑浊了。根据经验可知，二氧化碳可以使澄清石灰水变浑浊。通过这个现象，我们就可以判定跳跳糖中的气体原来是二氧化碳。

澄清石灰水的主要成分是氢氧化钙，二氧化碳进入后会与之发生反应，生成碳酸钙沉淀，就会出现变浑浊的现象。

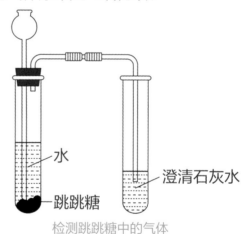

检测跳跳糖中的气体

原来，跳跳糖中竟含有二氧化碳，这些气体是如何被填充进糖果中的呢。

在液体糖果中的水分几乎被全部蒸发后，工人们会利用容器将二氧化碳通过高压填充进糖果中，再等到糖果冷却后去除容器，释放压力。之后，凝固的糖果会发生迸裂，变成细小的颗粒，在这些颗粒中会残存一些二氧化碳形成的小气泡。最后，将这些细小的糖果颗粒进行包装，就是大家都爱吃的跳跳糖啦。

当我们拆开包装，满心欢喜地享用糖果时，口中的唾液会使跳跳糖溶化，那么被"禁锢"在糖果中的气体就会被释放出来。因为二氧化碳是被高压填充进糖果中的，所以释放的时候也会有比较剧烈的反应。这样糖果就被气体推动，甚至再次爆裂，给人以跳动的感觉，这就是糖果跳舞的秘密。

大国的担当，走向碳中和

全球变暖日益成为地球公民不得不面对的气候问题，人类的生产与生活中所使用的碳资源是造成这一问题的根本原因。碳资源指的是石油、木材、煤炭等由碳元素所构成的自然资源，这些资源的使用量逐年增长，二氧化碳的排放量也就越来越多。

解决全球变暖问题已是各国人民共同的目标，节能减排已刻不容缓。减少二氧化碳排放量的手段如下：一是碳封存，主要由土壤、森林和海洋等吸收储存在空气中的二氧化碳，如植树造林等；二是碳抵消，通过加大对可再生能源以及低碳清洁能源技术的投资，实现减少一个行业的碳排放量来抵消另一个行业的碳排放量，如大力发展光伏产业和大范围推广新能源汽车等。

2020年9月22日，中国政府在第七十五届联合国大会上提出："中国将提高国家自主贡献力度，采取更加有力的政策和措施，二氧化碳排放力争于2030年前达到峰值，努力争取2060年前实现碳中和。"其中，碳达峰指的是二氧化碳排放量达到顶峰，碳中和指的是二氧化碳排放量全部由节能减排、植树造林等方式抵消。

这是中国作为世界大国的担当，相信我们的诺言也一定会兑现，让我们共同期待碳中和到来的那一天。

绿色生活，减少碳足迹

 想一想

二氧化碳作为空气中的主要成分之一，与我们的生活息息相关。你还能说出生活中哪些地方利用了二氧化碳吗？事物总有正反两面，过多的二氧化碳会造成气候变暖，想一想：我们如何才能为实现碳中和贡献自己的一分力量呢？

知识卡

* 硬糖的制作过程一般包括溶化—蒸发—冷却—塑形。

* 跳跳糖中的气体是二氧化碳，食用时二氧化碳会被释放，"推动"糖果在口中跳动。

玉米粒变身记

小伙伴们正叽叽喳喳地你一言我一语，只见李老师手里捧着一大桶爆米花，微笑着向她们走来。

"同学们今天的表现都很棒，老师奖励大家吃爆米花哦！"李老师一边笑眯眯地说话，一边把爆米花递给大家。

"考考你们哦，有谁知道，爆米花是用什么做的？"李老师问道。

"我知道，爆米花是用玉米粒做成的。"乐乐第一个高声地回答道。

"玉米粒？怎么可能？玉米粒，小小的，硬硬的；爆米花，大大的，软软的。它俩完全不是一个世界的吧！"琪琪在一旁小声嘀咕着。

"对！爆米花是用玉米粒做出来的。又有谁知道，玉米粒是怎样变成爆米花的呢？"李老师追问道。

顿时，小伙伴们安静下来，大家的眼睛紧紧地盯着手中的爆米花，开始思考起来。

这时，琪琪冲着身旁的小艾问道："小艾，小艾，你知道玉米粒是怎么变成爆米花的吗？"

玉米粒是怎样变成爆米花的呢？

又香又甜的爆米花是最常见的零食之一，深受大家的喜爱。特别是在观赏电影时，手捧一桶爆米花似乎已经成为一种习惯。那么，玉米在成为爆米花的过程中经历了什么呢？我们一起来了解吧。

玉米的身世

世界上主要的粮食作物包括谷类作物（稻谷、小麦、玉米、高粱等）、薯类作物（甘薯、马铃薯等）、豆类作物（以大豆为主）。

作为爆米花的"前世"，玉米是一种什么样的植物呢？在植物学分类中，玉米属于被子植物门、单子叶植物纲、禾本目、禾本科、玉蜀黍属。玉米，别名苞谷、苞米棒子、玉蜀黍、珍珠米等，原产地在南美洲和中美洲。玉米是世界上最重要的粮食作物之一，现广泛种植于中国、美国、巴西等国。

玉米

玉米家族的成员十分丰富，根据它们的不同作用，可以将玉米分为粮饲通用品种、可加工品种（甜玉米、玉米笋）、菜用品种（糯质型、甜质型）以及爆粒型品种（爆米花专用品种）等。玉米中含有大量的维生素，是稻米、小麦的

5—10倍。在日常主食中,玉米的营养价值与保健价值都首屈一指,特别是玉米中含有的核黄素(维生素 B_2)等营养物质,对人体健康大有裨益。为了充分提高玉米的营养价值,人们精心培育,选取优良品种,所种植的特种玉米有更高的营养价值。

食用玉米时,新鲜玉米的水分、维生素、活性物等营养成分要显著高于过度成熟的老玉米哦。

玉米粒的变身

在种类繁多的玉米家族中,有一种爆粒型品种的玉米,它们专为变成爆米花而生。小小的玉米粒如何完成华丽的变身呢?

要想变成完美的爆米花,玉米粒一定要具备三个条件:一是玉米粒要有一个完整、不可渗透的外壳;二是玉米粒内部要有适当的水分,不能太干燥;三是玉米粒内部要有一定的淀粉含量。

蓬松香甜的爆米花

制作爆米花时，将油、玉米粒以及糖一起放在容器中加热。当玉米粒遇热后，内部的水形成水蒸气，并且开始膨胀。与此同时，玉米粒内部的淀粉遇热也会变成凝胶状物质。被外壳包裹住不断膨胀的水蒸气对玉米粒的外壳不断地施加压力，当外壳再也承受不住内部的压力时，就会破裂，并释放出气体和凝胶。凝胶爆裂而出，与外部的空气接触时，便会迅速凝固，从而形成蓬松香甜的爆米花。

爆米花工艺的变化

铅是一种有毒的重金属，如果过量进入人体，会对人体造成不可逆的危害，会对神经系统、消化系统、血液系统等产生影响。

作为世界上最古老的小吃之一，爆米花早在数千年前的印加帝国就广为流传。经过时间的沉淀，爆米花的制作工艺也有所变化。

传统的爆米花是以玉米为原料，在小转炉中经过高温高压加热后制成。为了保证其口味，人们会向其中添加一

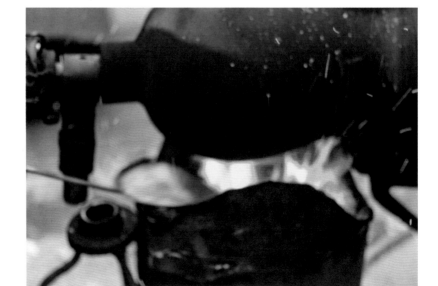

制作爆米花的小转炉

些糖精。虽然脂肪含量不高，但是传统爆米花的制作容器——小转炉，在受热后会产生对人体有害的金属——铅。

电影院的零食柜台普遍使用电器烘制爆米花，这种工艺降低了铅进入人体的概率，有效地避免了对人体造成危害的风险。但是此类爆米花添加剂太多，如人造奶油、香精和色素等，这使爆米花的能量和反式脂肪酸含量增加，从而增加了食用后心脑血管病的发病及缺锌等风险，因此不建议过多食用。

爆米花和电影院的故事

由于爆米花的制作工艺简单且香气四溢，许多娱乐场所、街头巷尾都能看见它的身影。当时的电影院正在极力模仿高雅的戏院，所以并不允许爆米花这种街头小吃进入。

直到1927年，有声电影诞生了，看电影的人越来越多，带来了巨大的商机——有声电影能掩盖掉吃东西的吧唧吧唧声。但是电影院仍然处在犹豫中。

美国经济大萧条的到来，给电影和爆米花的"结盟"带来了绝佳的机会。电影作为一种廉价的消遣娱乐方式，受到大众的热烈追捧。5—10美分一大包的爆米花也是绝大多数人消费得起的零食。玉米粒本身也是非常廉价的原材料，10美元的玉米粒足够卖上一整年。街头小贩们在电影院门口支起爆米花机，观众入场前可以买上一份捧进场。

渐渐地，电影院老板也开始慢慢接受观众们的选择，开始向小贩们收取摊位费。这样，电影院和爆米花的共生关系开始形成。在电影工业发展的进程中，越来越多的电影院开始强化这种看电影吃爆米花的习惯，直到今天，电影院和爆米花已经成为难舍难分的合作关系了。

奇妙物语

 想一想

　　爆米花的制作工艺相对简单，聪明的你不妨去试一试大米和小米是否也能爆成爆米花。在了解了爆米花的成分后，我们知道爆米花不能过量食用，想一想：还有哪些小零食吃多了，会对人体产生危害呢？

知识卡

* 玉米是世界上主要的粮食作物之一。

* 不是所有的玉米都能加工成爆米花的。

* 爆米花中含有许多食品添加剂，不宜多吃。

3

调皮的声音

有魔力的盒子

　　周六是菲菲的生日，这天一早，琪琪便换上粉色连衣裙，匆匆咬了几口面包，就催着爸爸赶紧出发。

　　爸爸将车开到了菲菲家。琪琪急忙下车，连生日礼物都忘记拿了。在爸爸的提醒下，琪琪转身拿了礼物盒，又是一路小跑。

　　看到门口的菲菲，琪琪开心地说道："菲菲，祝你生日快乐，这是我给你挑选的生日礼物，希望我们的音乐小达人会喜欢！"

　　菲菲满怀期待地打开盒子，惊叹道："哇哦，好酷的尤克里里！"

　　"这是特地为你定制的，上面还刻了你的名字呢。"琪琪笑眯眯地说着。

　　"我很喜欢，真想马上弹奏一曲呢！"菲菲一边说，一边用手指拨动着琴弦，美妙轻快的旋律即刻呈现，吸引了很多小伙伴围观。

　　可这时，一个疑问从琪琪的脑海里冒出来：尤克里里的琴弦就是几根细细的尼龙丝，怎么可以发出这么美妙的声音呢？

　　"小艾，你能帮我解解惑吗？"琪琪问道。

真是美妙的音色啊！

形形色色的乐器总能发出悦耳的声音，美妙的乐曲可以感染我们的情绪。不论是开心还是难过，人们总能在乐曲中找到共鸣。那么，悠扬的声音是怎么从乐器中发出来的呢？让我们以尤克里里为例，来一探究竟吧。

声音是什么

声音是一种可以传递的波，就像石头落入水中激起的波纹。

声音由物体振动产生，可以在不同的介质中传播，并且能够被人类或动物的听觉器官感受和识别。当你敲击桌面或者拍打墙面时，它们的振动会引起空气的振动，从而改变周围空气的疏密程度。这就是声波在空气中的传播，直到振动停止，声音也随之消失。

在我们的日常生活中，有很多的现象可以说明振动能够产生声音。大家可以试一试：请拿出一把直尺，将尺子的一端放在桌边，用手按压尺子，然后松开，你可以发现尺子振动并发出声音；你还可以在音响的喇叭纸盒上放上碎纸片，开启音响，调高音量，碎纸片也会随之振动，如跳舞一般。

我们可以将介质简单理解为声音传播所需要的媒介，可以是固体、液体或气体。声音在不同介质中的传播速度不一样。

认识尤克里里

尤克里里的琴弦主要有尼龙弦、钛弦、碳素弦等，不同材质的琴弦所发出的声音风格会不一样。

尤克里里源于葡萄牙，盛行于夏威夷。现在广为人知的尤克里里是一种什么样的乐器呢？

尤克里里的结构大体可以分为三部分：琴头、琴颈与箱体。琴头上有4个旋钮，被称作弦准，分别对应的是尤克里里的4根琴弦。转动弦准，可以调节琴弦的松紧，从而改变琴弦发出的声音。琴颈上一条一条垂直于琴弦的金属丝，叫作品丝。品丝在指板上分出的每个小格，叫作品格。箱体可分为：面板、背板、侧板。面板上的圆孔叫音孔。

尤克里里的主要结构

尤克里里如何发声

尤克里里又叫夏威夷小吉他，所以它与吉他等弹拨乐器的发声原理类似，都是先通过弦的振动，再经过箱体的共振，最后发出声音。

在这些弹拨乐器的发声部件中，都有一个共同的部分——箱体。箱体在整个乐器中体积相对较大且内部中空，就像一个有魔力的盒子。

以尤克里里为例，中空的箱体里面装着大量的空气，当我们用手指拨动它的琴弦时，琴弦开始振动。这种振动将传给位于音孔下方的琴码，琴码又将振动传给箱体的面板。面板与琴身的共振会压缩箱体里的空气振动，从而产生声波。最后，声音通过箱体背板的反射从音孔传出，就是我们听到的美妙的琴声啦。

在声音科学中，共振也叫作共鸣，指的是两个物体以相同的频率发声的现象。

各式各样的乐器

中国古代的弹拨乐器

我国的弹拨乐器种类繁多，大致分为横式与竖式两类。横式，如筝、古琴、扬琴和独弦琴等；竖式，如琵琶、阮、月琴、三弦、柳琴、冬不拉和扎木聂等。

不同的乐器所适合的场所也不尽相同，音色更是各有千秋。我国弹拨乐器的演奏流派风格繁多，演奏技巧的名称和符号也不尽一致。

琵琶　　　　　　三弦

许多古诗词中也有关于乐器的描写，例如五十弦翻塞外声；犹抱琵琶半遮面；我有嘉宾，鼓瑟吹笙；锦瑟无端五十弦，一弦一柱思华年等。这些都是通过对乐器的描写，抒发作者的内心情感，个中滋味，耐人寻味。

 想一想

中国很早就有演奏乐器的文化。除了以上所介绍的弹拨乐器外，请你查阅资料：找一找中国古代的非弹拨乐器是如何发声的。

知识卡

* 声音由物体振动产生。

* 弹拨乐器通过琴弦与箱体的共振发声。

变了"味"的声音

　　参加生日派对的小伙伴都到齐了。只听"砰、砰"两声，两束礼花在空中绽放，在菲菲头顶上空交汇，像一片片闪亮的彩色雪花，飘落在菲菲闪闪发光的皇冠和随风飘逸的公主裙上，美丽极了！

　　优美的旋律响起，大家也渐渐安静下来，原来是琪琪准备登台献唱一首。"想去远方的山川，想去海边看海鸥，不管风雨有多少，有你就足够……"

　　一首歌唱完，琪琪成了派对上的小明星，大家你一句、我一句地夸赞琪琪的歌声很动听。琪琪迫不及待地走到菲菲身边，急忙问："菲菲，我唱得好吗？你帮我录了吗？快给我听听！"

　　菲菲拿出手机，点开视频，回答道："录啦！你听，多动听的歌声啊！"

　　琪琪把手机凑到耳边，仔细地听着。听着，听着，琪琪眉头微皱，心里嘀咕着："咦，这是我的声音吗？怎么和平时的声音有些不太一样呢？"

　　"小艾，小艾，你快听听，这是我的错觉吗？"琪琪问道。

相信你一定有过这样的经历：听一段自己的录音或者看一段自己的视频，突然发现设备记录下来的声音和自己的声音有所不同。这是怎么一回事呢？是记录的设备改变了我们的声音，还是声音在传播的过程中出了问题呢？

把声音留下来

爱迪生的留声机主要是利用声音带动指针振动，指针会将声波刻画在蜡筒上，重新播放时，指针会沿着轨迹行进，声音就会被重新播放。

1877 年，美国发明家爱迪生发明了世界上第一个记录声音的实用机器——留声机。留声机的发明在当时的社会上引起了强烈反响，人们将这项发明称为"19 世纪的奇迹"。爱迪生利用留声机录下了自己朗读的《玛丽有只小羊羔》的歌词："玛丽有只小羊羔，雪球儿似的一身毛，不管玛丽往哪儿去，它总是跟在后头跑。"这 8 秒钟的录音成为世界录音史上第一份被留下来的声音。

爱迪生和他的留声机

磁带和光盘

随着技术的发展，人们逐渐掌握了更多"复制"声音并将其保留下来的方式，主要有两种：其一为模拟录音，其二为数字录音。模拟录音的主要介质是磁带，数字录音的主要介质是光盘。

磁带录音时，麦克风把声音变成音频电流，使其进入录音磁头的线圈中，并在磁头的缝隙处产生随音频电流变化的磁场，磁带紧贴着磁头缝隙移动，磁带上的磁粉层被磁化，于是磁带上就记录了声音的磁信号。

数字录音则是把声波转换成代表声音高低的数字信息，并将其压制在光盘的膜片上；播放时，在激光的照射下，数字编码被转换成明灭变化的光束，再被转换成电流，最后还原成声音。

我们如何听到声音

我们的周围总是充斥着由各种主体所发出的声音，有物体发出的，有动物发出的，还有人发出的。那么，我们是如何听到这些声音的呢？

人体的内耳负责检测声音的振动，再经过听觉神经传递给大脑，最终帮助我们辨别声音所携带的信息。神奇的是，当我们说话时，会从两条不同的途径听到自己的声音。

听小骨是人体中最小的骨头，由锤骨、砧骨和镫骨组成。

第一条途径是通过我们的外耳，当我们的声音传到外耳，在鼓膜中产生振动时，这些振动最终将到达内耳，内耳检测到声音的振动后，再传递给大脑。

第二条途径是通过我们的身体和头骨，主要是声带振动，通过头盖骨直接被传送到耳朵，相比更加尖锐、高频率的声音，这条途径更善于传送低沉、低频率的声音。因此，我们自己所听到的自己发出的声音，实际上是这两条途径结合而成的声音。

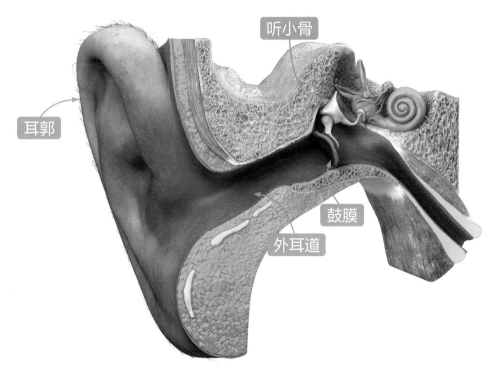

听小骨

耳郭

鼓膜

外耳道

耳朵的结构

然而，从录音设备播放出来的声音，只能先通过空气的振动将声波传入耳朵，再通过耳朵进入大脑。这种单一途径接收声音的方式决定了我们听到的声音较为高亢、尖锐。我们通过外部播放设备听自己的声音时，总感觉有些"变味"，实际上这是声音传播途径的不同造成的。

耳返的作用

耳返是主持行业的专业用语，一般指的是主持人在工作时戴在耳朵上的一种特殊的耳机。这种耳机可以让编导提醒主持人安排节目，比如嘉宾入场、插入广告等，有时也用来纠正主持人的错误。

耳返的出现得益于科技的发展，耳返能够加强编导与主持人的沟通。科技让舞台更加完美，但是也不能过度依赖科技，从而忽视人的作用。一般来说，在节目录制过程中，编导不会轻易通过耳返与主持人沟通，以免打乱主持节奏。在很大程度上，节目的精彩与否，取决于主持人的专业功力。因此耳返也仅仅是一种辅助工具。

耳返的另一大应用场合则是歌手的大型演唱会。由于表演现场空间较大，杂音较多，往往还伴有听众的呼喊声，歌手经常没有办法听到自己的声音，甚至听不到伴奏的声音。所以，在歌手的耳返中，一般会播放伴奏和歌手演唱的声音，以帮助歌手克服声音传播过程中的延迟与变化，帮助歌手"监听"自己的节拍与音调，从而保证演出效果。

 想一想

科技改变生活，特别是对特殊人群来说，科技的发展甚至能让失聪者重新听见世界。请查阅相关资料：了解一下助听器的原理吧。

知识卡

* 模拟录音和数字录音是两种主要的录音方式。

* 自己的声音可以通过空气和身体两种途径传递。

谁打碎了杯子

随着音乐响起，大家鼓着掌，合着节拍，一起加入生日派对中最精彩、最有气氛的环节——菲菲的街舞表演与琪琪的歌曲演唱。

舞台上的菲菲仿佛变了一个人，一身嘻哈运动装扮，斜戴着棒球帽，活力四射！琪琪也是火力全开，高音与低音自由切换。

小伙伴们被这富有激情的歌声和酷炫动感的舞蹈深深吸引，每个人都加入其中，随着乐曲，挥动手臂，共同感受着音乐与舞蹈带来的快乐。

正当琪琪唱到歌曲的高潮时，一个婉转且持久的高音在房间里回荡。突然，琪琪耳边传来"啪、啪"两声清脆的声响。她环视四周，目光停留在墙角边的餐桌上。

"咦？桌上的一排玻璃杯怎么碎了两个？可是，桌边并没有人啊，难道是杯子自己破裂的吗？"

"小艾，小艾，你能告诉我是谁打碎了玻璃杯吗？"琪琪问道。

声音作为异彩纷呈的世界的重要组成部分之一，其来源甚广，种类繁多。如果没有特定的属性加以描述，相信我们一定会在声音的世界里昏了头。来看看聪明的人们是如何界定声音的吧。

声音的特征

前面的章节已经说过，声音是一种波。频率和振幅是描述波的重要属性的参数，频率的高低与我们通常所说的声音的高低（音高）相对应，而振幅则指声音的强弱。

人们主要依据音调、响度、音色这三个主要特征来区分声音。

音调是指声音的高低（音高），也就是我们常说的高音和低音，由频率决定。物体在一秒钟之内振动的次数叫作频率，频率越高音调越高，频率的单位是 Hz，读作赫兹。人耳能听到的声音频率范围大概是 20—20000 赫兹，高于这个范围的声波称为超声波，而低于这个范围的声波称为次声波。人类对频率在 200—800 赫兹之间的声音最敏感，狗和蝙蝠等动物可以听到高达 16 万赫兹的声音。

由于声音频率的不同，一般来说，女生的音调要比男生高。

狗的听力范围要远远大于人类

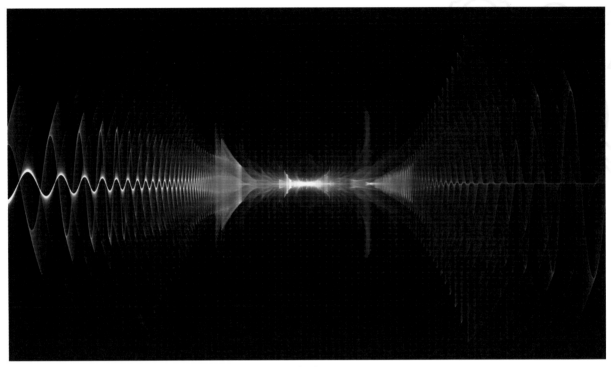

声波

声音的强度与身体健康有着密切的联系。安静的环境有利于工作和学习，长期工作于高分贝的环境下，会直接影响休息，甚至会带来不可逆的身体损伤。

响度是指声音的大小和强弱。简单来说，响度就是主观上感觉到的声音大小，俗称音量，由振幅和人离声源的距离决定。振幅越大，响度越大；人和声源的距离越小，响度越大。描述声音大小的单位是分贝，符号是 dB。

音色是指声音的特色，又称音品，波形决定了声音的音色。音色因振动物体材料的特性不同而不同，音色本身是一种抽象的东西，但波形是音色直观化的表现。波形不同，音色则不同。不同的音色，通过波形可以被分辨。

我们可以通过音色的不同，分辨出身边的亲戚朋友，分辨出是谁在演唱歌曲，分辨出不同的乐器。

击碎杯子的"元凶"

其实，没有人打碎玻璃杯，真正击碎玻璃杯的是声音，是声音的共振击碎了玻璃杯。

物体在被击打时，会根据它的自然频率而振动。当我们制造出的声音频率和某个物体的自然频率接近时，这个物体就会发生剧烈振动，这种现象叫作共振。因此，当我们发出的声音和玻璃杯的共振频率相同时，玻璃杯就会发生剧烈振动。为了保持这种振动能够使杯子碎裂，就要求声音稳定在一定的频率，并且声音越大，它的振动就越剧烈，再加上玻璃杯是易碎的材质，才会导致玻璃杯碎裂。

原来声音共振的能量这么巨大。其实在工业生产中，有很多时候都会出现共振现象，但是这种现象会对生产造成一定的危害，所以人们会想尽办法避免共振的发生。

在多层工业厂房的建设中，建设者就会考虑共振可能对厂房产生的危害。一些生产设备在使用的过程中会产生较大的往复振动，这些振动如果直接作用在楼层上，就会带来楼层的竖向振动或水平振动。竖向振动时，由于设备的自振频率和直接承受荷载的梁就有可能产生共振，从而导致梁的竖向振幅急剧增大，不但会影响设备的正常使用，甚至还会危害厂房承重构件的安全。这种情况在动力荷载较大时尤为明显。因此在设计厂房时，应避免设备产生的竖向振动频率与承重结构的自身频率产生共振。

故事里的共振现象

早在法国拿破仑时期，一队士兵在军官的引导下，迈着整齐划一的步伐通过一座大桥。这座大桥十分坚固，纵然千军万马也不能撼动分毫。但是队伍走到一半时，大桥却瞬间崩塌了。一时间人仰马翻，纷纷落水。经过长期追查研究，人们发现并不是敌人刻意破坏，罪魁祸首竟是受害者自身，是共振现象在作怪。因为军人步伐太整齐了，而其频率恰好接近于大桥自由振动的固有频率，所以激起桥梁共振并引发事故。

中国古代也有关于共振现象的记载。唐朝开元年间，洛阳白马寺的一名和尚得到一个磬，他视为珍宝，秘不示人。不料这磬常常无故自鸣，和尚为此整日忧心忡忡，以为获罪于鬼神，竟生起病来了。和尚的好朋友一名曹姓乐师听闻此事，特来探望，并询问生病缘由。他们谈话之时，恰好寺庙里前殿斋钟响了，磬也跟着自鸣起来。曹乐师心中了然，他拿出一把锉刀在磬上锉了几下，从此这磬再也不无故自鸣了。原来这个磬的振动频率与斋钟相近，斋钟一响，磬也跟着响起来了。

 想一想

自然界中有许多神奇的物理现象，有些现象对人们有利，有些现象则会严重危害人类的生产和生活。试一试：举例说明哪些现象对人有利，哪些现象对人有害。

> **知识卡**
>
> * 声音有三大特征，分别是音调、响度和音色。
> * 物体间的振动频率相近，就会产生共振现象。

会"说话"的墙壁

一天的欢乐时光过得飞快。晚上，爸爸准时在约定的时间来接琪琪回家。

琪琪一路兴奋地和爸爸描述着派对上的精彩瞬间……

"今天我还表演了节目呢，菲菲帮我录视频了，等回到家后，我放给你和妈妈看！"

爸爸把车缓缓地开进车库。琪琪开门下车，见爸爸还坐在车里，连忙大声喊着："爸爸，爸爸，你快下车啊！"她话音未落，耳边仿佛听到一个微弱的声音，像还有个小姑娘正学着她的语气讲话呢。

她环顾四周，偌大的车库空空荡荡，除了几辆汽车外，就只剩下四周光秃秃的墙壁了。"没有别人呀，哪里来的声音呢？"琪琪心里嘀咕着。

于是，她又试着喊了一声："爸爸，爸爸，你快点。"那微弱的声音依旧传来。

"这是哪里来的声音？难道墙壁会说话？小艾，小艾，你快点告诉我吧！"

空旷的山谷、四面围墙的地下停车库等，我们总能在这些地方听到自己的回声。声音为什么会回到我们的耳边，产生回声的地方有什么共同的特点呢？一起来学习回声的原理吧。

声音的传播需要介质

前面，我们解释了声音是由物体振动产生的声波，并能通过介质传播而被人或动物所感知。声音在不同介质中的传播速度不同，不仅与介质的种类有关，还与介质的温度有关。

声音在不同介质中的传播速度

介质	传播速度	介质	传播速度	介质	传播速度
真空	0m/s	煤油（25℃）	1324m/s	软木	500m/s
空气（15℃）	340m/s	蒸馏水（25℃）	1497m/s	大理石	3810m/s
空气（25℃）	346m/s	海水（25℃）	1531m/s	铁（棒）	5200m/s

蒸馏水指的是近乎没有杂质的纯水，一般通过先加热水得到水蒸气，再进行冷却的方式制成。

我们可以看出，除了空气外，水、金属、木头等介质也都能够传递声波，并且都是传递声波的良好介质。在真空状态中，因为没有任何介质，所以声波就无法传播。一般情况下，声波的传播速度在固体中最快，其次是液体，最后是空气。

什么是回声

墙壁当然是不会说话的。琪琪在车库里听到的声音，确切地说是回声。回声是声波在传播过程中，碰到大的反射面，比如建筑物的墙壁、大山里的岩石面等，并在这些界面发生反射。人们把能够与原声区分开的反射声波叫作回声。

当我们在空荡荡的大厅里说笑时，也会不断地听到自己的声音。这是因为我们的声音会从大厅的墙壁反射回来，这时听到的声音就是回声。因此，回声就是声波从坚硬的物体表面反射而引起的声音的重复现象。

"制造"回声

声音碰到阻碍总会发生反射，但是要听到自己的回声，也不是件容易的事，一起来看看"制造"回声需要什么条件吧。

生活中有许多方法可以阻碍声音的传播，比如带有小孔的吸声板、中空的双层玻璃、种植阔叶植物等。

山谷里高耸的山体是天然的声音反射面

当我们在任何地方说笑时，我们的大脑对这些声音的感觉会持续 0.1 秒，这个时间段叫作听力的持久性。当我们发出声音时，一部分声波会被墙壁反射，而另一部分声波会被墙壁吸收。如果反射的声波在 0.1 秒之内到达我们的耳朵，那么我们的大脑不会将原始的声音和回声视为两种分开的声音，它们会被认为是一种声音。因此，为了听到两种不同的声音，原始的声音和回声之间的时间间隔至少为 0.1 秒。

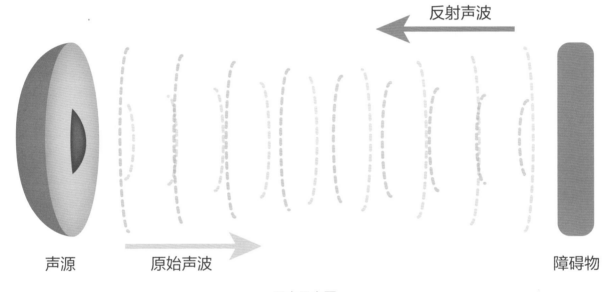

反射声波

声源　原始声波　障碍物

回声示意图

那么，我们怎么才能把原始的声音和回声之间的时间间隔控制在 0.1 秒以上呢？这就需要控制说话人与反射面之间的距离。当两者之间的距离为 17 米左右时，我们开始说话，原始声音到达我们耳朵的时间和回声到达我们耳朵的时间之间的间隔约等于 0.1 秒，这样我们就能听到回声了。不过，如果说话的声音太小，声波在传播的过程中或者反射的过程中会减弱、消散，我们也就无法听到回声了。所以，距离与音量都是"制造"回声必不可少的条件。

听到回声的距离条件：声源与反射面的最小距离 = 声音在空气中的传播速度 × （0.1 ÷ 2）。

回声的应用

目前，人类关于回声的应用最典型的就是声呐装置。在海水中，声波的传递拥有得天独厚的条件。相较于声波，光线和电磁波在海水中的传播都十分有限。即使是在最清晰的海水条件下，光线也只能穿透几十米的距离。电磁波也一样，在海水中的衰减速度非常快。因此，声波就成为唯一实用的探测手段。利用声波的传递原理，人们发明了声呐装置，只需要通过分析回声，就可以探测海深和敌方潜艇的方位，不同的功能需要不同的声呐装置完成。

回声在地质勘探中也有广泛的应用。例如在石油勘探时，常采用人工地震的方法，即在地面上埋好炸药包，放上一列探头，把炸药引爆，探头就可以接收到地下不同层间界面反射回来的声波，从而探测出地下油矿。

利用声呐装置探测飞机残骸

想一想

人类的许多科技发明与自然界的动植物有着千丝万缕的联系，比如飞机是模仿飞鸟，潜水艇是模仿鱼类等。从这一层面来说，大自然其实是人类的老师。聪明的你还能举出一些人类向大自然学习的发明吗？

知识卡

* 声音在不同介质中的传播速度不同。

* 声音遇到障碍物会发生反射，这种现象叫作回声。

* 要听到回声，需要满足距离与音量的双重条件。

4

万有的力

无敌吸引力

最近，琪琪喜欢上了玩滑板。不论是周末还是平时的休闲时光，只要完成了作业，她总是抱着喜爱的滑板，在小区的空地上练习滑板技术。

不过，滑板看似简单，实际滑行起来并不容易，需要多方面的配合。练习的过程中，琪琪吃了不少苦头，不知道摔了多少次跤。但是，兴趣是最好的老师，有了兴趣，琪琪仿佛变得更加坚强了。

这天下午，琪琪又在愉快地玩着滑板。突然一不小心，她的身体失去了平衡，重重地坐在了地上。琪琪站起来揉了揉屁股，喃喃自语道："摔跤的时候为什么总是掉在地上，要是能飘起来，再慢慢落下来就好了。"

小艾在旁边听到琪琪的嘀咕，咯咯笑了几声，慢悠悠地说道："琪琪，你还真是异想天开，让我来告诉你为什么人和其他物体总是会掉落到地上吧。"

为什么我不能慢悠悠地落下来呢？

气势磅礴的瀑布总要坠入深渊，成熟的稻麦瓜果总会压弯枝丫，抛向空中的书本总要落回地面……看似无关的现象，背后却有着相同的原理。为什么它们总是向下呢？要解答这个问题，我们不得不提到一个非常重要的概念——重力。

什么是重力

牛顿和苹果的故事几百年间广为流传，牛顿由此发现了万有引力。地球对于苹果的引力竟然与太阳吸引地球的力是相同的，实在是不可思议。不过，这也为我们解释物体为什么会下落提供了思路。

力的三要素分别是：力的大小、方向、作用点。

那么，什么是重力呢？重力指的是物体由于地球的吸引所受到的力，地球是施力主体，地球上的万事万物是受力主体。重力的方向是竖直向下的，作用在物体的重心上。一个物体所受到的重力大小和自身的质量有关，质量越大，所受到的重力越大。

牛顿和坠落的苹果

物体为何会下落

为什么物体总是向下坠落呢？一言以蔽之，是因为地球上的物体无法逃脱地球的吸引，而这种吸引就是重力。因为重力作用在物体上且方向竖直向下，所以物体最终会落回地面。

我们不妨以琪琪为例，算一算琪琪受到的重力是多少吧。根据重力的计算公式 $G=mg$，其中 G 指的是物体受到的重力，g 为比例系数，大小约为 9.8N/kg。假设琪琪的体重是 35kg，那么琪琪所受的重力大小就是 343N。重力大小可以用测力计测量，静止或匀速直线运动的物体对测力计的拉力或压力的大小等于其所受重力的大小。

重力随着地球纬度大小的改变而略有改变，质量为 1kg 的物体受到的重力平均值为 9.8N。力的单位是牛顿，写作 N，读作"牛"。

在重力的作用下，水往低处流

石块被支撑起来并保持平衡

巧用重心更稳定

弹簧测力计

物体的各部分都受重力的作用，但是从效果上看，我们可以认为各部分受到的重力作用都集中于一点，这个点就是重力的等效作用点，叫作物体的重心。怎样才能找到物体的重心呢？我们可以使用不同的方法，不如一起来试试吧。

重心的位置与物体的形状及质量分布有关。形状规则、质量分布均匀的物体，其重心在它的几何中心，例如粗细均匀的棍棒的重心在它的中点，球的重心在球心，方形薄板的重心在两条对角线的交点等。地球对物体的重力，好像就是从重心向下拉物体。若用其他物体来支撑着重心，物体就能保持平衡。

对于形状规则的物体，一般可以通过划线法和支撑法寻找重心。

如果轮子的重心不在转轴上，就会产生剧烈的振动。人们根据这一原理制造出了偏心轮，用来产生振动，比如振动筛子、手机振动器等。

大型起重机

如果物体的形状不规则，质量分布不均匀，则可以通过悬挂法来寻找物体的重心。

重心的位置除了跟物体的形状有关外，还跟物体的质量分布有关。载重汽车的重心随装货多少和装载位置变化而变化，起重机的重心随着提升物体的质量和高度变化而变化。重心位置在工程上有相当重要的意义，例如起重机在工作时，重心位置不合适，就容易翻倒；高速旋转的轮子，若重心不在转轴上，就会引起剧烈的振动。知道了重力的作用点在重心之后，我们可以通过巧妙地改变物体的重心来使物体更加稳定。增大物体的支撑面，降低它的重心，有助于提高物体的稳定程度。

所以，琪琪想在摔跤的时候慢慢地落下，实属异想天开了。不过，琪琪可以通过弯腰屈膝的方式降低自己的重心，从而在练习滑板时更加稳定。

失重与超重

北京时间 2021 年 6 月 17 日 9 时 22 分，搭载神舟十二号载人飞船的长征二号 F 遥十二运载火箭，在酒泉卫星发射中心点火发射。此后，神舟十二号载人飞船与火箭成功分离，进入预定轨道，顺利将聂海胜、刘伯明、汤洪波三名航天员送入太空，航天员乘组状态良好，发射取得圆满成功。

北京时间 2021 年 6 月 17 日 18 时 48 分，航天员聂海胜、刘伯明、汤洪波先后进入天和核心舱，标志着中国人首次进入自己的空间站。后续，航天员乘组将按计划开展相关工作。

在航天员的训练内容中，包含了失重训练与超重训练。当运载火箭加速向外太空飞行的过程中，会出现超重现象，航天员要承受超出身体质量许多倍的压迫感；在进入外太空后，又会出现失重现象，飘浮在空中。

所以，在训练中常用飞机做抛物线飞行和利用中和浮力模拟池进行失重状态下的动作练习，也会用大型离心机以增强航天员对超重的耐受能力。

 想一想

实验是科学研究的重要方法。日常生活中，我们也有办法进行一些简单的小实验。让我们一起来试试用支撑法找一找本书的重心吧。

知识卡

* 地球对物体所施加的吸引力叫作重力。

* 物体在重力的作用下始终落向地面。

* 可以降低物体的重心，使之更加稳定。

分不开的球

了解了重力的有关知识后，琪琪开始慢慢学习控制自己的重心，她的滑板技术日渐精进。当琪琪踩着滑板，在地面上自由地滑行时，她有时会把自己想象成一只自由飞翔的小鸟，仿佛离飞上蓝天就差一对翅膀了。

琪琪就是这样一个爱畅想的小朋友，不过她又觉得小鸟能在空中飞翔绝不仅仅是因为有一对翅膀。于是，充满求知欲的琪琪便向小艾提问："小艾，你说如果我有一对翅膀，我是否也能像小鸟一样在天空中飞翔呢？"

小艾回答说："琪琪，自从你学会了滑板，感觉地球表面都留不住你了，一会儿想飘落，一会儿又想飞翔。"

"别开玩笑了，我是真的想知道，快告诉我吧。"琪琪说道。

"好吧，看在你如此好学的分上，我就'大发慈悲'地告诉你。要想像小鸟一样在天空飞翔，首先得弄懂小鸟飞翔的奥秘，这就要说到大气压力的相关知识了，让我们先从一个'分不开的球'的故事开始吧。"小艾神秘地说道。

从古至今，两条腿的人类总是羡慕甚至崇拜长着翅膀的飞鸟，梦想着有一天能够在天空中翱翔。当然，这一切如今已经成为现实，不过背后的原理还是值得我们去探究一番。

马德堡半球实验

1654 年，马德堡市长奥托·冯·格里克听说还有许多人不相信大气压力的存在，于是他就想能否通过一个实验来告诉人们大气压力的真实存在。

有一天，他和助手做了两个半球，直径 14 英寸，约 36 厘米，并请来一大队人马，在市郊做起大型实验。

1654 年 5 月 8 日，马德堡市风和日丽，一大群人围在实验场上，熙熙攘攘，十分热闹。格里克和助手先当众在两个黄铜的半球壳中间垫上橡皮圈，再把两个半球壳灌满水

马德堡半球雕塑

后合在一起，然后把水全部抽出，使球内形成真空，最后把气嘴上的龙头拧紧。

　　格里克一挥手，四个马夫牵来八匹高头大马，在球的两边各拴四匹。格里克一声令下，四个马夫扬鞭催马，背道而拉，好像在"拔河"似的。"加油！加油！"实验场上黑压压的人群一边整齐地喊着，一边打着拍子。四个马夫，八匹大马，都累得浑身是汗，但是，铜球仍是原封不动。最后，格里克重新拧开气嘴上的龙头，轻而易举地就把两个半球分开了。

马德堡半球实验的原理是，封闭的半球内部近似真空，而外部有着较多的空气，大气压力将两个半球紧紧地挤在一起。

翅膀的秘密

　　鸟类之所以能够飞翔，在于它们能够灵活运用自己的一对翅膀。当鸟类起飞时，挥动的翅膀会使上下两侧产生气压差，下方气压大，上方气压小，这样就可以借助空气的力量飞上天空了。

　　鸟类在空中飞翔时，并不会一直挥动翅膀。为什么它们不会掉下来呢？如果我们仔细观察鸟类的翅膀，就会发现翅膀的前端较厚，后端较薄。空气在掠过翅膀时，翅膀上方的气流速度较快，下方的气流速度较慢，同样会在翅膀的上下两侧形成压力差，下方的空气支撑力更强，从而保证鸟类能够在空中滑翔。很多御风而行的鸟类，例如飞行数十天不休息的军舰鸟，它们能够巧妙利用气流节省体力，乘风而上却不用挥动翅膀。

　　当然，鸟类能够自由地翱翔在天空中，不仅仅要归功于翅膀的作用，还有它们其他身体结构的作用，比如中空

空气流速快的地方，压强较小，这是伯努利原理的一种表现。人们利用这一原理，在制造飞机机翼时，将机翼上方隆起，从而产生压力差，使飞机升空。

鸟儿挥动翅膀，形成压力差，并飞上天空

鸟儿在空中滑翔

的骨骼、强大的消化系统以及独特的双重呼吸方式等。所以，如果只给你一对翅膀，想要飞上天空，也是不现实的哦。

生活中的大气压力

空气虽然看不见、摸不着，但是我们的生活却实实在在地依赖着它。空气中不仅有维持生命所需要的氧气，大气压力也在日常生活中有着大量实际应用。

比如使用吸管喝饮料，将普通吸管插入饮料中，露出的一头可以保持与外界的气体交流，维持气压的平衡。当我们用嘴巴吸饮料时，首先被吸出的是吸管里的空气，此时，吸管两头被封住，失去了空气流动的通道，吸管里的空气要少于外界的空气，于是就形成了气压差，外界的大气压力就把饮料压进我们的嘴巴里了。如果不小心将吸管的中间部分弄破了，那么气体就又有了流动的通道，再想把饮料吸上来就没有那么容易了。

奇妙物语

 想一想

看得再多，不如动手做一做。请你准备一个玻璃杯，玻璃杯的杯口大小刚好能放下一个剥了壳的熟鸡蛋。试着点燃一小团棉花或纸屑，并将其放进玻璃杯中。在火焰熄灭之前，将鸡蛋放置在杯口。观察现象，并试着利用大气压的知识解释原理。

海拔越高，大气压越低

知识卡

* 马德堡半球实验的原理是球体内外有压力差，外界大气压将半球紧紧地压在一起。

* 鸟儿的翅膀可以形成压力差，帮助鸟儿飞翔。

停不下来的轮子

俗话说"艺高人胆大"，琪琪的滑板技术可以说是炉火纯青了。既然做不了飞翔的小鸟，做一个陆地快艇掌舵手也不错。

这天，琪琪又滑着她的滑板在小区里飞驰。时而单脚蹬地，给滑板来个加速；时而双脚离地，晃动身体控制方向；时而弯腰屈膝，保持稳定。突然，在前面拐弯处出现一摊水，琪琪心想："看我陆地快艇，漂移过弯。"

琪琪单脚踩地，控制速度，本想来个漂亮的漂移，没想到滑板掠过水面，竟完全不受控制。非但没有漂移过弯，甚至都没有停下来，还来了个紧急变向，滑板冲向一边，翻了个个。琪琪身子一斜，失去平衡跌倒在地上。

琪琪生气地对小艾喊道："小艾，这个滑板怎么这么不听话，都停不下来。"

"不要生气，谁让你滑得这么快，一点都不注意安全。不过也不全是你的错，毕竟你不知道摩擦力的知识，让我来跟你说说吧。"小艾说道。

为什么滑板经过水面没有停下来？为什么轮胎上总有一些纹路？为什么光滑的冰面上容易滑倒？这些现象都与摩擦力有关，但又不完全相同，一起来一探究竟吧。

什么是摩擦力

相对运动指的是物体间相对位置发生改变。相对运动趋势指的是物体将要运动还没运动的状态，比如在倾斜平面上停留的一块砖头等。

压力越大，摩擦力越大；接触面越粗糙，摩擦力越大。

两个相互接触并挤压的物体，当它们发生相对运动或具有相对运动趋势时，就会在接触面上产生阻碍相对运动或相对运动趋势的力，这种力叫作摩擦力。

举例来说，如果你此时正将手掌按压在桌面上，慢慢往前移动，你所感受到的阻碍你手掌运动的力就是摩擦力了。你将本书平放在手掌上，慢慢倾斜手掌，但不要让书本滑落，此时书本所受到的力中也有摩擦力。

通过上面的小实验，我们可以知道，摩擦力的方向与和物体运动的方向相反，所以摩擦力其实是一个阻力，阻碍着物体运动。只有当物体之间相互接触时，才会产生摩擦力。摩擦力的大小与压力大小和接触面的粗糙程度有关。

给轴承涂抹润滑油以减小摩擦力

摩擦力也有三类

摩擦力可以分为滑动摩擦力、静摩擦力、滚动摩擦力三种。

一个物体在另一个物体表面发生滑动时，接触面之间产生阻碍它们相对运动的摩擦力，称为滑动摩擦力。例如用黑板擦擦黑板时两者之间产生的摩擦力，划火柴时产生的摩擦力等。

两个相互接触并相互挤压而又相对静止的物体，在外力作用下，如果只具有相对滑动趋势，而又未发生相对滑动，则它们接触面之间出现阻碍发生相对滑动的力叫作静摩擦力，如斜靠在墙壁的木板等。

当一个物体在另一个物体表面滚动时，两个物体的接触部分受压发生形变，会产生一个阻碍物体滚动的力，这个力就是滚动摩擦力。一般情况下，物体之间的滚动摩擦力远小于滑动摩擦力。在交通运输以及机械制造工业中广泛应用滚动轴承，就是为了减少摩擦力。

划火柴属于滑动摩擦力

倾斜摆放的木板与墙壁、地面之间都有静摩擦力

车辆前进时，轮子与地面的摩擦力就是滚动摩擦力

轮子为何停不下来

小艾提醒大家，技术再好，也要考虑情况，注意安全哦！

在了解了摩擦力的相关知识后，我们一起来分析一下为什么琪琪的滑板停不下来吧。滑板的轮子滚动时，与地面之间的摩擦力属于滚动摩擦力，这种摩擦力要比滑动摩擦力小很多，所以玩滑板的时候，速度会很快。当需要减速或者停止时，根据不同的情况，可以采用脚刹、尾刹和横刹。不论哪种情况，刹车都是通过增大摩擦力来实现减速的效果。很显然，琪琪为了炫技，采取了最高难度的横刹，也就是漂移刹车，所以滑板的方向变成横向，轮子的滚动摩擦变成滑动摩擦。在干燥的路面情况下，这种方式或许有效。但是经过积水路面时，积水具有润滑作用，接触面的粗糙程度下降，变得光滑起来，摩擦力就减小了，此时的摩擦力不足以阻碍滑板，使其停下，再加上琪琪的重心已经改变，无法保持平衡，于是就发生了侧滑。

生活中的摩擦力

摩擦力在生活中十分常见，或多或少会对人们的生活产生影响。这些影响有好有坏，比如零件生锈，摩擦力变大，阻碍机器运转；鞋底的纹路可以增大摩擦力，让我们走得更稳。

你会发现，摩擦力总是在很多地方出现，我们没有办法回避它。不过，人们可以利用各种方法让摩擦力为我所用。

雨雪天气，路面湿滑，由于摩擦力较小，车辆刹车距离变长，行驶缓慢。有什么办法可以增大摩擦力呢？聪明的你一定可以想到，在车轮上安装防滑链。

铰链、齿轮等机械部件年久失修，容易锈蚀，导致机械运转不流畅。当遇到这种情况时，可以适当添加润滑油，减小摩擦力，让机械运转更流畅。

在湿滑的道路上，摩擦力较小

奇妙物语

 想一想

在驾驶车辆过程中，摩擦力总是与我们相伴而行，如果不注意，很可能会造成事故。想一想：我们有哪些办法可以避免由摩擦力带来的危险呢？

知识卡

* 摩擦力的大小与压力大小和接触面的粗糙程度有关。

* 摩擦力可以分为滑动摩擦力、静摩擦力、滚动摩擦力。

* 通过不同的方法，可以增大或减小摩擦力。

四两拨千斤

在琪琪经常玩滑板的道路上，最近出现了一块大石头。虽然不影响走路，但琪琪总是害怕自己不小心摔跤，然后被大石头伤着。可是，她又搬不动这块"巨石"，真是令人苦恼。

于是，琪琪便向小艾求助："小艾，你说我怎么才能把这块大石头移到旁边的草地上呢？"

小艾眨眨它的大眼睛，说道："琪琪，你去找一根既结实又长的棍子，再去找一块小石头，我来教你移动'巨石'。"

琪琪带着疑惑找到了一根长竹竿和一块砖头，然后说："好了，小艾，你快教我怎么移动'巨石'吧。"

"你先把竹竿的一头插进大石头的下方，再把砖头放在竹竿靠近大石头一端的下方，最后在竹竿的另一头用力。"小艾说道。

按照小艾的说法，琪琪竟然缓慢、轻松地把石头移开了，真是不可思议。

兴奋的琪琪问小艾："为什么会这样呢？"

原来我的力量这么大啊！

奇妙物语

　　一根细长的棍子，加上一小块砖头，是怎么把琪琪的力量放大的呢？看似常见的简单物品，经过组合后竟然有这么大的力量。其实，这就是我们常说的杠杆结构。如果杠杆结构用好了，再结合一些其他的省力机构，有时能够起到四两拨千斤的作用哦。

杠杆是什么

　　杠杆是一种简单机械。在力的作用下能绕着固定点转动的硬棒就是杠杆。

　　在杠杆结构中，有几个非常重要的元素，我们以琪琪所使用的杠杆为例，一一说明。首先是动力点和阻力点，动力点就是使之运动的力的作用点，比如琪琪双手握住的地方就是动力点；阻力点就是阻碍运动的力的作用点，比如竹竿被石头压住的地方就是阻力点。其次是动力臂和阻力臂，分别指的是支点到动力和阻力作用线的距离。最后是支点，指的是竹竿下方与支撑砖头所接触的地方，竹竿可以绕着支点转动。

　　在我们的身边，随处可见杠杆结构的实际应用。它们可以是汽车档位、钓鱼竿、开瓶器、剪刀、锤子……这些杠杆的形状各不相同，各具特色。人们会根据实际，改变杠杆的形状，以满足工作需求。

在日常生活中，我们使用杠杆时的动力一般是人类自己，所以动力点经常是杠杆与我们接触的地方。

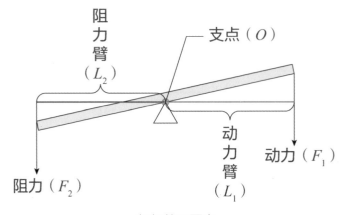

杠杆的五要素

杠杆的种类

在花样繁多的杠杆结构中，不论它的外形如何，作用是什么，其实都有共同的地方。我们可以根据动力臂与阻力臂的关系，将杠杆分为省力杠杆、等臂杠杆和费力杠杆。

所谓省力杠杆，要满足的条件是动力臂大于阻力臂。虽然这种杠杆可以起到省力作用，正如阿基米德所说的"给我一个支点，我就能撬起地球"，但是，仅仅有一个支点，是不足以撬动地球的，还要求这根杠杆足够长。所以，省力杠杆虽然能省力，但是比较费距离。

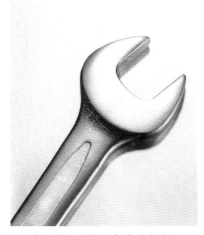

螺丝扳手是一个省力杠杆

如果杠杆的动力臂等于阻力臂，那么这个杠杆就是等臂杠杆。生活中常见的等臂杠杆有跷跷板、天平等。利用等臂杠杆，可以比较两个物体的质量。如果杠杆平衡，则表示两个物体质量相等。据此，人们发明了天平，用来测量物体的质量。在托盘的两侧分别放置已知质量的物体和待测质量的物体，只要天平平衡，就可以知道待测物体的质量了。

当动力臂小于阻力臂时，此时的杠杆是一个费力杠杆。费力杠杆并不是大家想的一无是处，因为它有省距离的特点，反而在生活中有着很广泛的用途，比如煤球钳子、裁衣剪刀等。

每种杠杆都有其独特的作用，没有优劣之分，人们使用机械是为了让工作与生活更加便捷。

天平是等臂杠杆

裁衣剪刀是费力杠杆

其他省力机构

现在我们再回头看看琪琪是如何四两拨千斤的吧。长长的竹竿和下方的砖头构成了一个杠杆结构，要被移动的大石头压在竹竿上，构成阻力点，琪琪手握的地方构成动力点。我们可以看到，动力臂大于阻力臂，所以这是一个省力杠杆。这种杠杆结构放大了琪琪的力量，所以琪琪移动了大石头。

除此之外，还有很多可以起到省力作用的简单机械，比如斜面、轮轴、滑轮等。它们在不同的需求环境下，都有发光发热的时候。

轮轴与滑轮的本质也是杠杆结构，定滑轮是一个等臂杠杆。

杠杆的故事

阿基米德对杠杆的研究不仅仅停留在理论层面，还据此进行了一系列发明创造。据说，他曾经借助杠杆和滑轮组，使停放在沙滩上的桅船顺利下水。在保卫叙拉古免受罗马海军袭击的战斗中，阿基米德利用杠杆原理制造了远、近距离的投石器，利用它射出各种飞弹和巨石攻击敌人，曾把罗马人阻于叙拉古城外达三年之久。

这里还要提及的是，关于杠杆的工作原理，在中国历史上也有记载。战国时代的墨家曾经总结过这方面的规律，在《墨经》中就有关于天平平衡的记载："衡木，加重于其一旁，必垂。权重相若也。"这句话的意思是：天平衡量的一臂加重物时，另一臂则要加砝码，且两者必须等重，天平才能平衡。这句话对杠杆的平衡说得很全面。里面有等臂的，有不等臂的；有改变两端质量使它倾斜的，也有改变两臂长度使它倾斜的。这样的记载，在世界物理学史上也是非常有价值的。

投石机

汽车方向盘属于轮轴，也可以起到省力作用

 想一想

生活中的杠杆结构数不胜数，你能找到其中一个，并分析它是哪一种杠杆吗？除了杠杆外，斜面也是一种省力机械，你知道它在生活中的应用有哪些吗？

知识卡

* 杠杆的五要素：动力、动力臂、支点、阻力和阻力臂。

* 杠杆主要有三类，省力杠杆、等臂杠杆和费力杠杆。

* 斜面、轮轴、滑轮也可以起到省力作用。

5

奇特的电

电闪雷鸣

晚饭后，琪琪正坐在书桌前做作业。突然一道闪电划破天际，天空也顿时亮如白昼，随后是轰隆隆的雷声，震耳欲聋。

琪琪被吓得一哆嗦，停下手中的笔，呆呆地望向窗外，细细地听雨落下的声音，完全没法专心做作业了。

这样的雷声与闪电已经持续快两个小时了，窗外滂沱的大雨加上这定时炸弹般的电闪雷鸣，真是令人焦躁不安啊。

"小艾，小艾。"琪琪叫道，"小艾？"然而，小艾并没有回应。

"真奇怪，小艾怎么不睬我呢？"琪琪一边自言自语，一边拿起小艾检查起来。原来小艾自动关机了。

琪琪按下开关键，重新启动了小艾，说道："小艾，你怎么关机了啊。难道机器人也会害怕打雷闪电吗？快别睡了，我有问题问你，大自然的电闪雷鸣是怎样产生的？"

机器人也会害怕打雷闪电吗？

闪电，每天都会在世界的不同角落发生。在以往的数千年里，人们对闪电知之甚少。最常见的闪电是线形闪电，它是天空中一些非常明亮的线，既像一条分支很多的河流，又像一棵蜿蜒曲折、枝杈纵横的大树。

闪电产生的原因

在解释闪电产生的原因之前，我们先来了解另一种现象，叫作弧光放电。如果我们在两根电极之间加上很高的电压，并且使它们逐渐靠近，随着两极移动到一定的距离，它们之间就会产生电火花。

闪电的产生与弧光放电有些类似。简单来说，闪电是发生在云层之间、云层内部或者云层与地面之间的强烈放电现象。如此强烈的放电现象是如何产生的呢？一般来说，在积雨云中存在着大量的电荷，通常是云层上部带正电荷，云层中部和下部带负电荷，并且在地面上也会产生正电荷。由于正负电荷异性相吸，因此当带有正负电荷的云层相遇时，会产生极强的电场。在电荷越积越多，电场越来越强的情况下，正负电荷的相互吸引越来越强，最终击穿空气，产生放电现象，这就是我们看到的闪电。

电压是产生电流的原因。可以类比水压的概念，水从高水位流向低水位，同理高电位与低电位之间的差就形成了电压。

带电的粒子带有电荷，带正电的粒子带有正电荷，带负电的粒子带有负电荷。像水滴汇聚成水流一样，电荷的流动形成电流。

闪电发生的过程

我们以一次地闪为例，其发生过程包含阶梯先导、回击、直窜先导、继后回击等阶段。

在强电场的推动下，云中的自由电荷会向地面移动。移动过程中，电荷会使空气轻度电离并发出微光。由于电荷是一级一级地由云层向地面传播，所以叫作阶梯先导。当阶梯先导到达地面后，大量的地面电荷会从空气通道向云中流去。这股强电流会发出耀眼的白光，在空中勾画出一条细长光柱。这个阶段叫作回击。阶梯先导加上回击，就构成了一次放电，持续时间只有百分之一秒。

第二次放电在极短的时间内发生，由于第一次放电形成了被强烈电离的空气通道，所以这次的先导就不再逐级向下，而是从云中直接到达地面，叫作直窜先导。直窜先导到达地面后，在千分之几秒内，就会发生第二次回击，接着是第三次、第四次……由于每一次放电都要消耗云中累积的电荷，所以放电过程就会愈来愈弱。直到云中的电荷消耗殆尽，放电停止，一次闪电过程就结束了。

闪电一般发生在下雨天，所以雷电天气尽量不要外出哦！

云层间的闪电、云层与地面间的闪电

中国古代对雷电的认识

大自然中的雷电现象很早就引起了我国先民们的关注和研究，远在公元前一千多年殷商时期的甲骨卜辞中，就已经出现了"雷"字。"雷"字最上面一横表示天，最长的一竖表示雨，里面的小点也是雨；下面的"田"字表示田野。由于当时实行的是井田制，所以写成了"田"。而整个"雷"字则表示下雨时，在田野上空发出的雷声。

在西周时期的青铜器上，就已经出现了"電"字，"電"字的上面是个"雨"字，下面是个"电"字，整个"電"字不但表示了人们在田野上空所见到的强烈闪光的形状，而且表示了只有下雨时才能够看到这种闪光。虽然这里的"电"字是专指闪电，但是它已经向我们传递了这样一个科技信息，即我国古代的先民们不但用文字的形式形象地描画了闪电，而且明确表示了它的出现与下雨有关。

在汉代以前的书籍中，我国就已对许多发生过的雷电现象进行了记载，并对其形成的原因及其本质进行了探讨，先后提出过多种不同的解释。西汉的刘安在《淮南子·坠训形》中就有"阴阳相薄为雷，激扬为电"之说，即阴阳二气的彼此碰撞而产生了雷，当阴阳二气彼此碰撞后分开时则产生了电。东汉的王充在《论衡·雷虚篇》中也用类似的观点来解释雷电的成因。他指出："盛夏之时，太阳用事，阴气乘之。阴阳分争，则相校轸。校轸则激射。"这段话意思是说夏天阳气占支配地位，阴气与它相争，于是便发生碰撞、摩擦、爆炸和激射，从而形成雷电。

甬钟

想一想

虽然近代西方在科学成就上要领先于中国，但是对自然现象的记录与解释，在许多中国古代典籍中都有所记载，比如上面所提到的关于雷电的认识。请查阅资料：找一找古代中国是如何避免雷电灾害的。

知识卡

* 闪电是一种由正负电荷相互吸引而引发的放电现象。
* 一次完整的闪电过程要经过3—4次闪击。
* 雷声是闪电击穿空气，产生爆炸所发出的声音。

竖起来的头发

一天早晨，琪琪刚起床，就发现头发有些乱糟糟的。有的挤作一团，有的支棱着，看样子是晚上睡觉太活跃了。

琪琪走进洗手间，对着镜子开始打理起她的头发。不过，任凭她用梳子怎么梳，头发好像故意和她作对似的。往下梳，它偏向上飞；往左梳，它偏向右飞，就是不听使唤。几分钟后，头发不仅没变整齐，反而更加蓬松了，望着一头竖起来的头发，琪琪呆住了。

"这是怎么回事？难道我的头发着了魔？"琪琪心里想。带着满满一箩筐的疑惑，琪琪手舞足蹈地把刚才的一幕表演给妈妈看。

妈妈告诉她："那是静电现象。"

"什么是静电呢？静电难道是静止的电？头发上怎么会有电呢？"琪琪追问道。

听了琪琪的话后，妈妈摸着琪琪的头说："不如我们一起问问小艾吧！"

琪琪点点头，对着小艾问道："小艾，请告诉我们，什么是静电？"

越梳越蓬松的头发、脱下毛衣时的噼里啪啦声、接触门把手时的电击……这些经历，相信大家都不陌生。但是，为什么会产生这些现象呢？让我们一探究竟吧。

什么是静电

流动的电荷就会形成电流。

橡胶棒与毛皮摩擦，橡胶棒带负电，毛皮带正电。

其实，琪琪的猜测有一定的道理，不过静电不能简单理解成"静止的电"。所谓静电，其本质是一种处于静止状态的电荷或者说不流动的电荷。当这些静止的电荷聚集在物体表面时，就形成了静电。

电荷分为正电荷和负电荷两种，也就是说，静电也分为正静电和负静电。当正电荷聚集在某个物体表面时，就形成了正静电；当负电荷聚集在某个物体表面时，就形成了负静电。但无论是正静电还是负静电，当带静电的物体接触零电位物体（接地物体）或与其有电位差的物体时，都会发生电荷转移，就是我们日常见到的火花放电现象。例

带有静电的梳子吸引纸屑

如北方冬天天气干燥，人体容易带上静电，当接触他人或金属导体时，就会出现放电现象。这时，人会有触电的针刺感。当化纤衣物与人体摩擦时，人体会带上正静电。如果在夜间脱衣服，就能看到电火花。

物体为何会带电

任何物质都是由原子组合而成的，而原子的基本结构为质子、中子及电子。科学家们将质子带的电定义为正电，中子不带电，电子带负电。

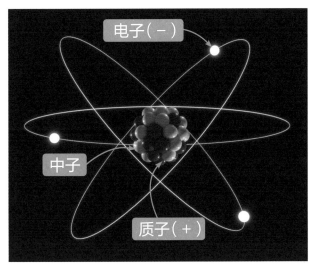

电子（－）

中子

质子（＋）

原子结构

在正常状况下，一个原子中的质子数量与电子数量相同，正负电平衡，所以对外表现出不带电的特征。但是，由于外界作用（如摩擦等）或以各种能量（如动能、势能、热能、化学能等）的形式相互作用会使原子的正负电失去平衡。日常生活中所说的摩擦，实质上就是两种物质不断接触与分离的过程。有些情况下不摩擦也能产生静电，如感应静电起电、热电和压电起电、喷射起电等。任何两个不

静电对生产和生活并不是有百害而无一利，比如静电除尘、静电喷涂都是人们对静电的有效利用。

同材质的物体接触后再分离，即可产生静电。而产生静电的普遍方法，就是摩擦生电。材料的绝缘性越好，越容易产生静电。因为空气也由各种气体的原子组合而成，所以可以这么说，在人们生活的任何时间、任何地点，都有可能产生静电。要完全消除静电，几乎不可能，但可以采取一些措施控制静电，使其不产生危害。

所以，在了解了静电以及物体带电的原因后，我们一起来分析一下琪琪的头发是怎么竖起来的吧。我们可以猜测，琪琪的梳子大概率是塑料材质。这样琪琪在梳头时，由于摩擦生电，大量的电荷停留在梳子上，人的头发则带上了另一种电荷，所以在头发与梳子靠近时，同种电荷相互排斥，异种电荷相互吸引，于是头发就变得蓬松且乱糟糟的了。

静电现象

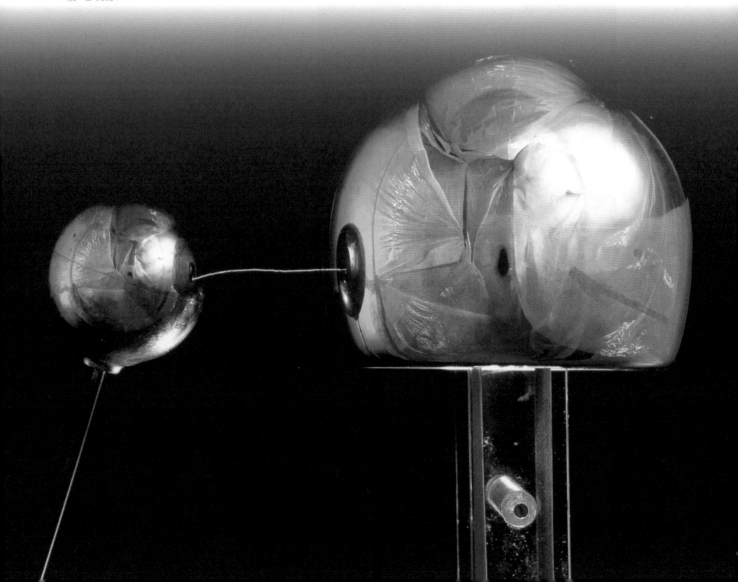

静电的危害

静电的危害很多，它的第一种危害源于带电体的互相作用。

当飞机机体与空气、水汽、灰尘等微粒摩擦时，会使飞机带电，如果不采取措施，将会严重干扰飞机无线电设备的正常工作；在印刷厂里，纸页之间的静电会使纸页粘合在一起，难以分开，给印刷带来麻烦；在制药厂里，由于静电吸引尘埃，会使药品达不到标准的纯度；在放电视时，荧屏表面的静电容易吸附灰尘和油污，使图像的清晰度和亮度大大降低；混纺衣服上常见的不易拍掉的灰尘，也是静电在捣鬼。

静电的第二种危害是，有可能因静电火花点燃某些易燃物体而发生爆炸。

漆黑的夜晚，人们脱尼龙、毛料衣服时，会发出火花和"叭叭"的响声，这对人体基本无害。但在手术台上，电火花会引起麻醉剂的爆炸，伤害医生和病人；在煤矿开采地区，则会引起瓦斯爆炸，会导致工人死伤，矿井报废。

总之，静电危害起因于电的相互作用和静电火花，静电危害中最严重的是静电放电引起可燃物的起火和爆炸。

 想一想

静电的累积总是无法避免，其造成的危害也数不胜数，例如上文中提到的静电吸引尘埃，进而影响药品的纯度等。但人类从未在困难面前停止前进，请你查阅资料：找一找我们有哪些方法可以消除静电。

知识卡

* 静电是指聚集在物体上的电荷，有正静电和负静电之分。

* 原子由电子、质子和中子构成，物质带电是由于物质得到或失去电子。

八方来电

学校一周后要举办文艺汇演，琪琪入选了合唱节目《我和我的祖国》。昨天，琪琪已经对着镜子，在小艾播放的音乐下练习了很多遍。

"小艾，请播放《我和我的祖国》。"小艾并没有作出回应。琪琪嘟囔道："今天又没有打雷，怎么又不睬我了。"

琪琪走到书桌前，发现小艾又关机了。琪琪按下开关键，还是没有反应。琪琪只好插上电源，等了一会，小艾终于又开机了，原来是没电了。

琪琪笑着对小艾说："无所不知的小艾不仅怕打雷，还害怕没电。"

小艾说道："当然啦，电是机器人的生命源泉呢。"

琪琪又问道："我们生活中确实有很多地方都要用到电呢，可是小艾，这些电都是怎么来的呢？"

我们生活中用到的电是怎么来的呢？

现代人类的生活已经离不开电了，生活中处处要用电，这些电能主要通过发电的方式获得。在用电需求如此大的今天，我们是采用哪些发电方式来满足需求的呢？

什么是发电

发电即利用发电动力装置将水能、化石燃料的热能、核能、太阳能、风能、地热能以及海洋能等转换为电能的过程。20 世纪末，发电多用化石燃料，但化石燃料的资源不多，日渐枯竭，而且污染严重，不符合人类可持续发展的生存要求。在环境问题突出的当下，人类已渐渐较多地使用可再生能源来发电。

化石燃料主要有煤炭、石油、天然气等；可再生能源包括水能、太阳能、风能、地热能、海洋能等。

核电站

多种发电方式

我们知道能量的来源是多种多样的,发电的过程就是能量的转化过程。那么,我们可以利用哪些方法将不同的能量转化为电能呢?

首先是水力发电。水力发电的基本原理是利用水位落差,配合水轮发电机产生电力,也就是将水的势能转化为水轮的机械能,再以机械能推动发电机,从而得到电力。科学家们有效地利用水位落差的天然条件,运用工程、机械、物理等知识,以达到最高的发电量,为人们提供廉价而又无污染的电力。

据统计,2020 年我国水力发电总装机容量为 3.7 亿千瓦,年发电量约为 1.4 万亿千瓦时。

水的势能主要是指重力势能,即物体在一定的高度上受到重力影响所具有的能量。

水力发电站

其次是火力发电。火力发电是指利用可燃物燃烧时产生的热能，通过发电装置转换为电能的一种发电方式。火力发电厂的主要设备系统包括燃料供给系统、给水系统、蒸汽系统、冷却系统、电气系统及其他一些辅助处理设备。

火力发电的重要问题是如何提高热效率。20世纪90年代，世界上最好的火力发电厂能把40%左右的热能转换为电能；大型供热电厂的热能利用率也只能达到60%—70%。此外，火力发电造成的环境污染，也日益成为人们关注的问题。火力发电多以煤炭作为一次能源，利用皮带传送技术，向锅炉输送处理过的煤粉，煤粉燃烧可以加热锅炉，使锅炉中的水变为水蒸气，经一次加热之后，水蒸气进入高压缸。为了提高热效率，先对水蒸气进行二次加热，水蒸气进入中压缸，再通过利用中压缸的水蒸气去推动汽轮发电机发电。

火力发电厂的可燃烧物以煤炭为主，将热能转换为电能。

火力发电厂

高压输电

电压的单位是伏特，用大写字母"V"表示，读作"伏"。

通过不同的发电方式得到的大量电能如何从发电厂输送到千家万户呢。这就要借助高压输电线路了。高压输电的主要目的是让电流在远距离传输的前提下，降低电能耗损。根据输送电能距离的远近，采用不同的高电压。

从我国的电力工业情况来看，送电距离在 200—300 千米时，采用 220 千伏的电压输电；在 100 千米左右时，采用 110 千伏；在 50 千米左右时，采用 35 千伏或 66 千伏；在 15—20 千米时，采用 10 千伏或 12 千伏，有的则用 6300 伏。

输电电压在 100—220 千伏的线路，称为高压输电线路；输电电压在 330—750 千伏的线路，称为超高压输电线路；而输电电压在 1000 千伏的线路，则称为特高压输电线路。

高压输电线路的安全关乎国计民生，所以做好高压输电设备的运行与维护工作，对保证输电系统正常运行是十分重要的。

高压输电

切尔诺贝利核事故

切尔诺贝利核事故，或简称切尔诺贝利事件，是一件发生在乌克兰境内切尔诺贝利核电站的核子反应堆事故。该事故被认为是历史上最严重的核电事故，也是首例被国际核事件分级表评为第七级事件的特大事故。

1986年4月26日凌晨1点23分，乌克兰普里皮亚季邻近的切尔诺贝利核电站的第四号反应堆发生了爆炸。连续的爆炸引发了大火，并散发出大量高能辐射物质到大气层中，这些辐射尘覆盖了大面积区域。这次灾难所释放出的辐射线剂量是"二战"时期爆炸于广岛的原子弹的400倍以上。这场灾难总共损失大概两千亿美元，是近代历史中代价最"昂贵"的灾难事件。

2014年11月29日，通过无人机航拍乌克兰切尔诺贝利核事故遗址，镜头中荒废的切尔诺贝利核电站静谧如鬼城。

 想一想

无论是哪种发电方式，都有其好的一面与坏的一面，比如核电站的低碳与危险。想一想：风力发电和太阳能发电各有什么优点与不足？

知识卡

* 发电主要是利用机械装置将不同能量转换为电能的过程。
* 主要的发电方式有火力发电、水力发电、核能发电等。
* 电能通过高压输电线路送至千家万户。

被储存的电

"原来我们生活中的电有这么多的来源呢。"琪琪听完小艾的讲解后感叹道。

"是呀，通过不同方式发出的电，再通过复杂的输电网络输送到千家万户，这样我们才能享受到电力带来的便利呀！"小艾说道。

"不过，这么多的发电方式都要消耗能源，为了地球资源不被浪费，我们还是要节约用电啊。"琪琪郑重地说道。

这时，小艾的电池显示已经充满电了。"琪琪，我的电已经充满了，帮我把充电线拔了吧。"小艾对琪琪说。

"好的。"琪琪答道，并拔下了插头。"小艾，我突然又想到一个问题，为什么你不用一直充电，你是不是有什么神奇的能力能把电储存起来呀？"琪琪问道。

"不是什么神奇的能力，不过说到电的储存，其中也有很多科学道理，我来给你解释一下。"小艾回答道。

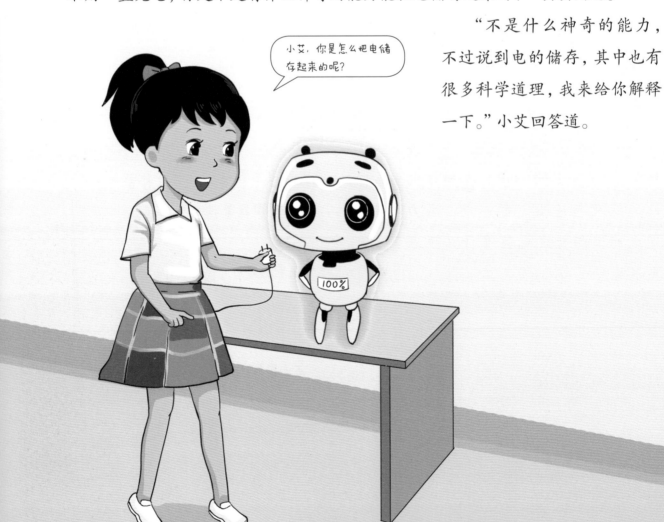

小艾，你是怎么把电储存起来的呢？

17世纪中叶，德国人最先发明了摩擦起电机。但是，在人们了解导体与绝缘体的差别之前，研究者们只能眼睁睁地看着电荷一点点消失。因为缺乏储存电荷的装置，所以人们根本没有办法再进一步研究电荷。

能储存电荷的瓶子

在摩擦起电机出现后的40多年里，研究者们苦于电的神秘莫测，一直没有办法将电荷储存起来。摩擦起电机甚至沦为制造电火花的玩具。

直到荷兰莱顿大学的穆欣布罗克教授制造出一种可以储存电荷的瓶子，这种特殊的瓶子因荷兰莱顿大学而得名，后来被人们称为莱顿瓶。

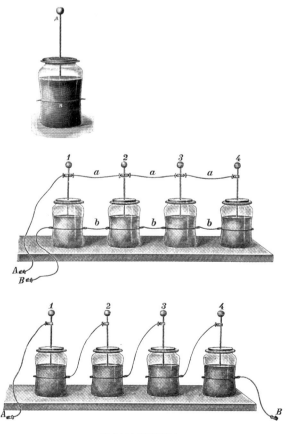

莱顿瓶的内外金属箔由于电荷的相互吸引，内部带有正电荷，外部带有负电荷。

最初的莱顿瓶

最初的莱顿瓶是装水的，但当时的人们很快对它进行了一些改造。从外观上，莱顿瓶只是一个普通的玻璃瓶，但这个玻璃瓶的里外各有一层锡箔纸，紧紧地贴覆着玻璃瓶。玻璃瓶的瓶口用绝缘的盖子盖上，一根细细的铜链穿过盖子，落入瓶中，与内部的锡箔纸相接触。通过将莱顿瓶接在摩擦起电机上，研究者们终于在 1746 年第一次将电荷装进瓶子里。

当电荷进瓶子后，研究者就愉快地开始做起了实验。但那个时代的实验都带着某种现代人无法理解甚至无法想象的勇气和娱乐精神。研究者们刚拿到莱顿瓶，就跑到教堂前做了一个很有趣的电震实验。传说，实验者召集了 700 个修道士排了 300 米，然后用莱顿瓶的放电同时把这 700 人电得蹦了起来。再也没有比这更"有趣"的实验了……

当时的人们使用莱顿瓶进行了众多的实验，其中包括费城的风筝实验，富兰克林用莱顿瓶收集雷电的电能，最终证明了天电、地电的一致性。

富兰克林将风筝线上的电引入莱顿瓶中，用来储存闪电

当代的储电方式

到目前为止，电的储存大致分成三大流派：电能直接以电磁能形式保存、电能以机械能形式保存、电能以化学能形式保存。

以电磁能形式储存电能利用的是莱顿瓶的原理。教科书上的平行板电容器与莱顿瓶几乎没有本质差别。两块锡箔构成平行极板，玻璃瓶构成绝缘介质。而人类真正使用的电容器不过是将平板卷起来缩小体积罢了。电磁能储能的另一个应用是超导储能。如果说电容器将电能藏在电场中，那么超导储能则是将能量藏在超导线圈的磁场中。超导储能的功率密度比电容器略高，但高昂的成本使得应用也和电容器一样极为狭窄。

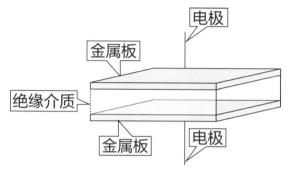

平行板电容器的内部结构

机械能储能的主要思路是将电能先转换为某种形式的机械能，用的时候再转换为电能。最广为人知的就是抽水电站。当电力系统的发电过剩时，抽水电站用电能将低处的水抽取到高处，将电能转换为水的重力势能；等到电力紧张时，再打开水闸，让水流下冲击水轮机发电。这一来一回的损耗使得抽水储能的效率远比电磁储能低。但是，一旦寻到合适的地址建造抽水电站，储能的容量就要远远高于电磁储能。

与抽水储能类似的压缩空气则是用电能储能将空气压缩后注入地下气穴，需要电的时候再用高压空气推动发电机。机械储能的另一个应用则是飞轮储能。核聚变的点火需要巨大的瞬时电功率，如果直接把点火装置接在电网上，会影响整个电网的运行。为了满足这些场合对巨大瞬时功率的需求，飞轮是最好的选择。飞轮可以在电能的驱动下以极高的速度旋转，当飞轮被加速到足够的速度时，断开与电力系统的连接，将飞轮的动能在极短时间内转换为电能，并加以利用。

飞轮是转动惯量很大的盘形零件，其作用如同一个能量存储器。

发动机上的飞轮装置

锂电池是一类由锂金属或锂合金为正负极材料，使用非水电解质溶液的电池。

将电能以化学能的形式储存起来是生活中最常见的方式。如今，大家可能十年见不到蜡烛，但绝不可能十年见不到电池。电池的原理并不复杂，但电池的种类众多。锂电池以极高的能量密度常见于电子产品中。铅酸电池价格低廉，但深度充电、放电时寿命较短。从 300 多年前人们用瓶子装电荷到现在用五花八门、千奇百怪的方式储存巨大数量的电能，莱顿瓶的诞生将摩擦起电机从制造电火花的玩具变成开启电气时代的钥匙，而今天，储能技术也会让新能源技术真正经得起现实的考量。一个绿色电力的新时代就在不远处。

新能源汽车

2020 年 11 月，国务院办公厅印发《新能源汽车产业发展规划（2021—2035 年）》，要求深入实施发展新能源汽车国家战略，推动中国新能源汽车产业高质量可持续发展，加快建设汽车强国。

以前的汽车主要是燃油汽车，无法满足低碳出行、节能减排的新时代要求。在此情况下，我国大力发展新能源汽车。新能源汽车包括纯电动汽车、增程式电动汽车、混合动力汽车、燃料电池电动汽车、氢发动机汽车等。新能源汽车发展的核心就是能量来源，如何解决电池的技术问题就成了突破的关键。

纯电动汽车技术相对简单成熟，只要有电力供应的地方都能够充电。不过也有其缺点，蓄电池单位质量储存的能量太少，还因电动车的电池较贵，又没有形成经济规模，故购买价格较贵。至于使用成本，有些试用结果比燃油车贵，有些试用结果仅为燃油车的 1/3，这主要取决于电池的寿命及当地的油、电价格。

燃料电池电动汽车是指以氢气、甲醇等为燃料，通过化学反应产生电流，依靠电机驱动的汽车。其电池的能量是通过氢气和氧气的化学作用，而不是经过燃烧，直接变成电能的。燃料电池的化学反应过程不会产生有害产物，因此燃料电池车辆是无污染汽车。燃料电池的能量转换效率比内燃机要高 2—3 倍，因此从能源的利用和环境保护方面来看，燃料电池电动汽车是一种理想的车辆。

正在充电的新能源汽车

 想一想

不知不觉，你已经了解了很多关于电的知识了。试着分析一下：小艾是用什么方式储存电能的呢？试一试：你能否自制一个可以用来储存电能的装置呢？

知识卡

* 最早的储电装置是莱顿瓶。

* 三种最主要的储电方式为电磁能储电、机械能储电、化学能储电。

变幻的光线

6

镜子里的我

今天，琪琪一家要去光学博物馆参观。一大早琪琪就起床了，换上了干净整洁的白衬衫、深绿色的格子裙，看上去格外可爱。琪琪哼着小曲，站在镜子前整理自己的仪容。

"光学博物馆里会有什么呢？应该是各种各样绚丽的灯光吧。"琪琪心里想着。

看着镜子里的自己，琪琪突发奇想，和自己玩起了游戏。琪琪微笑，镜子里的人也微笑；琪琪伸出左手，镜子的人却伸出了右手，真有意思。为什么镜子里会有一个自己呢？琪琪实在是想不明白，不知道小艾能不能回答这个问题呢。

"小艾，为什么镜子里会有一个一模一样的自己呢？"琪琪问道。

"还没去光学博物馆，就提出了有关光的问题，你真是越来越爱思考了。"小艾夸赞道。

"那是自然，我一直都是爱思考的人。好了，快跟我解释解释吧。"琪琪有点害羞地追问道。

为什么镜子里会有一个一模一样的自己呢？

"开我东阁门，坐我西阁床，脱我战时袍，著我旧时裳。当窗理云鬓，对镜帖花黄。" 就算是身经百战的花木兰，脱下了军装之后，也要对着镜子梳洗一番。从古至今，镜子在人们的生活中扮演着重要的角色。那么，在平平无奇的镜子上，又有哪些科学道理呢？一起学习一下吧。

什么是平面镜

其实，人们平时使用的镜子叫作平面镜。平面镜指的是表面平整光滑且能够成像的物体。平静的水面、抛光的金属表面、玻璃板等都相当于平面镜。平面镜所成的像是由来自物体的光经平面镜反射后，反射光线的反向延长线形成的。

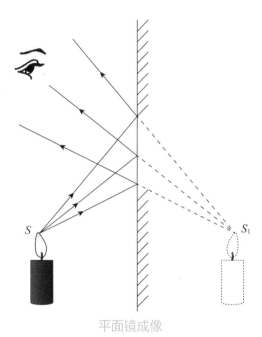

平面镜成像

光学成像有实像、虚像之分。可以借助物理实验光屏来验证：将光屏放在成像的大概位置上移动，若出现了成像，则属于实像；如果光屏上没有成像，则属于虚像。

平面镜所成的像有以下特点：（1）平面镜成正立等大的虚像；（2）像和物到镜面的距离相等；（3）像和物的连线与镜面垂直；（4）像和物关于镜面对称。

光的反射

　　为什么平面镜能够成像呢？这其实是一种光学现象，叫作光的反射，是指光在传播到不同物质时，在分界面上改变传播方向又返回原来物质中的现象。

　　光遇到水面、玻璃以及其他许多物体的表面都会发生反射。我们以镜面为例，通过光的反射示意图，了解反射的特点。

光的反射使我们看见物体与倒影

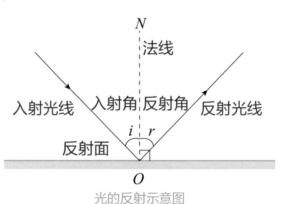

光的反射示意图

反射光线与入射光线、法线在同一平面上；反射光线和入射光线分别在法线的两侧；反射角等于入射角。

其实，生活中光的反射有很多种，比如以上所说的是镜面反射，指的是平行光线射到光滑平整的表面上所发生的反射现象。

如果平行光线射到凹凸不平的表面上，反射光线射向各个方向，这种反射叫作漫反射。介于漫反射和镜面反射之间的反射称为方向反射，也称非朗伯反射，其表现为各个方向都有反射，且各个方向上的反射强度不平均。表面平滑的物体易形成光的镜面反射，形成刺目的强光，反而看不清楚物体。通常情况下，我们之所以可以辨别物体的形状和存在，是由于光照射在物体上，发生了漫反射。无论是镜面反射或漫反射，都需遵守光的反射定律。

法线指的是垂直于平面镜的直线，用来分隔入射光线与反射光线。

有趣的哈哈镜

因为哈哈镜镜面各部分凹凸不同，所以所成的像有的被放大，有的被缩小。比如当你对着一个上部是凹面镜的哈哈镜时，你的头就会被放大，而且因为鼻子在脸部突出，离镜面更近，所以鼻子所成的像比脸上其他任何部分都大，结果就照出了大鼻子。

当你对着一个上部是凸面镜的哈哈镜时，因为镜子在竖直方向上并没有弯曲，所以在竖直方向上像与物长度相同，但在水平方向上由于是凸面镜，像是缩小的，因此脸在镜中的像就变成细长的了。同样道理，如果用凹柱面镜照你的脸，你会看到一个短胖的脸。如果把镜面做成上凸下凹的，照出来的人就是头小身体大的；如果把镜面做成上凹下凸的，照出来的人就是头大身体小的；如果把镜面做成各部分凹凸不平的，照出来的人就是"丑八怪"了。

 想一想

除了平面镜外，还有很多其他的镜子，每种镜子都有适用的场合。请你想一想：以下这些物品用到的都是什么镜子呢？

A. 汽车后视镜　　B. 近视眼镜

C. 放大镜　　　　D. 太阳灶

知识卡

* 光滑平整且能够成像的物体叫作平面镜。

* 我们能看见物体与镜中的像是因为光的反射。

雨后的彩虹

弄清楚平面镜成像的原理后，琪琪的心情更加舒畅了。没想到，还没到光学博物馆就已经开始了解光的知识了。

"看来光学博物馆里应该不只有各色的灯光，肯定有更令人期待的神奇物体。"琪琪心里想着，便愈发好奇了。

琪琪跟着爸爸妈妈开车前往光学博物馆。室外刚刚下过雨，空气还有些湿润。琪琪还在担心会不会再下雨，影响自己的游玩。

不过，琪琪的顾虑马上就打消了。因为太阳公公已经穿破云层，耀眼的光芒也洒向大地了。

琪琪开心地在车里向外四处张望。突然，琪琪好像发现了什么不得了的东西，手指着远处的天空，嘴里喊着："妈妈，快看，彩虹，彩虹。"果然，在远处的天空出现了一座虹桥，若隐若现，五颜六色，非常美丽。

"今天我们的运气真不错，雨过天晴，还能看见彩虹。正好我们去参观光学博物馆，你知道彩虹是怎么形成的吗？"妈妈问道。

"我不太清楚哎，不过我有好帮手。小艾，彩虹是怎么形成的？"琪琪问道。

奇妙物语

"赤橙黄绿青蓝紫，谁持彩练当空舞。"五彩缤纷的彩虹就像一条彩带悬于空中，美丽的景象总是让人心驰神往。难怪琪琪会如此兴奋。究竟是谁在舞动彩带呢，让我们一起揭开彩虹的秘密吧！

彩虹的成因

光的色散需要有能折射光的介质。当复色光在介质界面上折射时，介质对不同频率的光有不同的折射率，各色光因所形成的折射角不同而彼此分离。

彩虹是因为阳光射到空中接近球形的小水滴，造成色散及反射而成的。阳光会同时以不同的角度射入水滴，在水滴内亦以不同的角度反射。其中，以 40 度至 42 度的反射最为强烈，形成我们所见到的彩虹。阳光进入水滴后，先折射一次，然后在水滴的背面反射，最后离开水滴时再折射一次，总共经过一次反射和两次折射。因为水对光有色散作用，所以不同频率的光的折射率有所不同，红光的折射率比蓝光小，而蓝光的偏向角度比红光大。

瀑布下的彩虹

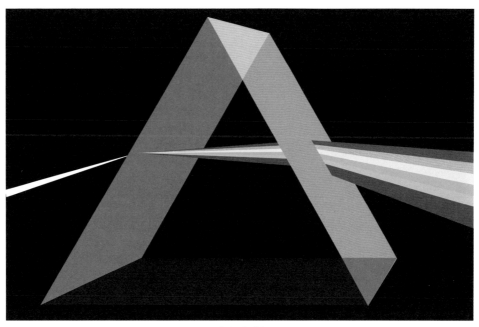

光的色散

　　其实，只要空气中有水滴，而阳光正在观察者的背后以低角度照射时，便可能产生可以观察到的彩虹现象。彩虹最常在雨后刚转晴的下午出现。这时空气内尘埃少且充满小水滴，天空的一边因为仍有雨云而较暗，同时观察者的头上或背后已没有云的遮挡而可见阳光，这样彩虹便会较容易被看到。另一个经常可见到彩虹的地方是瀑布附近。在晴朗的天气下背对阳光在空中洒水或喷洒水雾，亦可以制造人工彩虹。

其他种类的彩虹

不同的场景及光线变化时，会产生许多不同种类的彩虹，例如月虹，又称黑色彩虹，是一种罕见的现象，在月光强烈的晚上可能出现。由于人类视觉在晚间低光线的情况下难以分辨颜色，故此月虹看起来好像是全白色的。

大多数人因为没有积极观察而不会注意到霓，霓是经常出现在主虹外侧昏暗的第二道彩虹。霓是阳光经由雨滴内两次反射和两次折射产生的。两次反射的结果使得霓的色彩排列和虹的弧相反，蓝色在外而红色在内。霓比虹暗弱，因为两次反射不仅使得更多的光线扩散掉，散布的区域也更为宽广。除此之外，还有一些特殊的彩虹，比如光在雾气中散射与反射后形成的雾虹，其色彩较少，颜色带较宽。

光的色散实验

在光学发展的早期，人们对颜色的解释显得特别困难。当白光通过无色玻璃和各种宝石的碎片时，就会形成鲜艳的各种颜色的光。早在牛顿之前的几个世纪，人们就已对这一事实有所了解。可是直到17世纪中叶以后，才由牛顿通过实验研究了这个问题。该实验被评为世界最美物理实验之一。

牛顿首先做了一个有名的三棱镜实验，他在著作中记载道："1666年初，我做了一个三角形的玻璃棱柱镜，利用它来研究光的颜色。为此，我把房间用漆涂成黑的，在窗户上打了一个小孔，让适量的日光射进来。我又把棱镜放在光的入口处，使折射的光能够射到对面的墙上去。当第一次看到由此产生的鲜明强烈的光色时，我感到极大的愉快。"通过这个实验，他在墙上得到了一个彩色光斑，颜色的排列是红、橙、黄、绿、蓝、靛、紫。牛顿把这个彩色光斑叫作光谱。

白光既然能分解为单色光，那么单色光是否也可复合为白光呢？为此，牛顿进行了实验。他先把光谱成在一排小的矩形平面镜上，再调节各平面镜与入射光的夹角，使各色反射光都落在光屏的同一位置上，使光谱的色光重新复合为白光，这样就得到一个白色光斑。

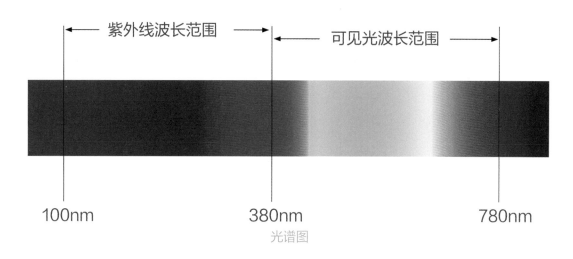

光谱图

 **想一想**

一道白光竟然可以分散成色彩鲜艳的彩虹，大自然的鬼斧神工真是令人瞠目。在学习了光的色散原理之后，请你动动手，试试看能不能制造一个人工彩虹呢。有兴趣的话，你也可以学学牛顿，做一做光的色散实验，说不定有新的发现呢。

知识卡

* 彩虹是光线经过小水珠，折射与反射后形成的现象。
* 不同的环境条件会形成不同的虹，如雾虹、月虹、反射虹等。
* 可以通过三棱镜将白光分解成单色光。

光影流年

美丽的彩虹稍纵即逝。为了留下精彩的瞬间，爸爸妈妈用手机帮琪琪和彩虹拍了一组高清照片。

琪琪拿过手机，也对着天空一通乱拍。拍完之后，琪琪一张一张地浏览手机里的图片。

妈妈看着琪琪问道："拍照技术发展到今天已经非常先进了，我们几乎每天都要利用各种手段和工具去定格生活中的每个美好时刻。你知道我们是如何把真实的场景留存在照片中的吗？"

"这个太简单了，按下快门，咔嚓一声，搞定。"琪琪吐出舌头做了个鬼脸。

妈妈笑道："你这个小滑头，要是像你说的这么简单就好了。"

"我虽然不清楚原理，但是我知道技术的发展过程一定是充满艰辛的。"琪琪认真地说道。

"所以，只有不断地学习，不断地克服困难，才能不断地进步。"小艾若有其事地回应道。

照相机日渐成为人们必不可少的工具之一。从最早暗箱式的照相机到今天随处可见的手机相机，相机的发展历程反映了科技的进步。无论是哪种相机，其背后的科学道理都属于光学成像范畴，但又不完全一样，让我们一起来探究吧。

早期的相机

在真正意义上的照相机发明以前，人们已经可以利用光学成像原理，将形成的实像固定在感光材料上。不过，由于感光材料的不完美以及过长的曝光时间，所成的像十分模糊。

1839 年，法国的达盖尔制成了第一台实用的银版照相机。它由两个木箱组成，把一个木箱插入另一个木箱中进行调焦，用镜头盖作为快门，来控制长达 30 分钟的曝光时间，能拍摄出清晰的图像。很长一段时间内，人们都是在此基础上对相机的结构进行微调，优化拍摄效果。不过，早期的相机结构十分简单，仅包括暗箱、镜头和感光材料。

银版照相机的感光材料主要是涂抹了碘的金属板。利用水银蒸气可以使底片上的像显现出来。

早期的相机

胶片相机与数码相机

渐渐地，人们对相机的研究更加深入，相机的各个零部件都得到了优化，体积也变得更小，使用起来更加方便。

随着感光材料的发展，1871年，出现了用溴化银感光材料涂制的干版；1884年，又出现了用硝酸纤维做基片的胶卷。1888年，美国柯达公司生产出一种新型感光材料——柔软、可卷绕的胶卷。这是感光材料的一个飞跃。同年，柯达公司发明了世界上第一台安装胶卷的可携式方箱照相机。

胶片相机的成像原理并没有改变，成像过程大致可以分为四步：第一，镜头把景物影像聚焦在胶片上；第二，胶片上的感光剂随光发生变化；第三，胶片上遇光后变化了的感光剂经显影液显影和定影；第四，形成和景物相反或色彩互补的影像。

传统相机利用透镜成像，所成的像为实像。

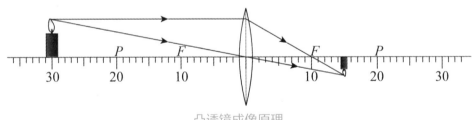

凸透镜成像原理

科技日新月异，数码成像技术日渐成熟，数码相机应运而生。这是一种利用电子传感器把光学影像转换成电子数据的照相机。与普通照相机在胶卷上靠溴化银的化学变化来记录图像的原理不同，数码相机的传感器是一种光感应式的电荷耦合组件或互补金属氧化物半导体。在图像传输到计算机之前，通常会先储存在数码存储设备中。

数码相机是集光学、机械、电子技术于一体的产品。

数码相机与辅助设备

它集成了影像信息的转换、存储和传输等部件，具有数字化存取模式、与电脑交互处理和实时拍摄等特点。数码相机最早出现在美国，美国曾利用它通过卫星向地面传送照片。后来，数码摄影转为民用，并不断拓展应用范围。

数码相机的成像过程也可以分解为四步：第一，经过镜头把光聚焦在传感器上；第二，传感器将光转换成电信号；第三，电信号经处理器加工后，被记录在相机的内存中；第四，通过电脑处理和显示器的电光转换或经打印机打印，便可形成影像。

照相机是一种利用光学成像原理形成影像并使用底片或内存记录影像的设备，是用于摄影的光学器械。在现代社会生活中，有很多可以记录影像的设备，它们都具备照相机的特征，比如医学成像设备、天文观测设备等。

存储设备通常是闪存；软磁盘与可重复擦写光盘已很少用于数码相机。

相机保养小技巧

新入手的相机大家总会格外爱护，但是一段时间以后，对相机的爱护程度就会减少。不论新旧，我们都应该养成爱护物品的好习惯。接下来，给大家介绍一些相机保养小技巧。

如果在海边或山上，你可用气吹将相机上的灰尘去掉，并用软布擦干净。注意：不要直接擦镜头，不要使用润滑油，避免剧烈的振动。清洁镜头时，应用气吹、毛笔将灰尘去掉，用清洁镜头专用的麂皮擦拭镜头。当镜头发霉时，应将相机送到维修中心。此外，应将相机放在通风的环境中。在天气潮湿时，别忘了放一包干燥剂在相机旁。当然，高温跟灰尘多的地方，都不适合收放相机。最后要记得，定期检查胜于一切。

 想一想

光学成像原理除了在相机中有所应用外，在其他地方也有用武之地。请你查阅资料：说一说还有哪些地方用到了光学成像原理。

知识卡

* 早期相机的结构主要有暗箱、镜头和感光材料。
* 胶片相机的成像原理是光线通过镜头在感光材料上成像，再通过冲洗显像。
* 数码相机是通过将光转为数字信息的方式成像。

追逐光的脚步

　　琪琪开心地走进光学博物馆的大门，一眼望过去，有的地方是对比强烈的黑白场景，光与影相互映衬；有的地方是炫彩的霓虹，星光璀璨；还有的地方灯光柔和，轻轻洒在古色的模型上……

　　琪琪在每一个展台前停留，好奇地观看每一种光学仪器，屏气凝神地阅读每一处文字，认真聆听每一段视频讲解。

　　琪琪走过阿尔哈雷和他的凸透镜，在李普希和他发明的望远镜前驻足，亲自动手完成了三棱镜色散实验。

　　琪琪走到一处小孔成像的演示台前，她缓慢而清晰地读了读上面的文字。虽然不是很明白，但却觉得古人真是厉害。

　　离开场馆之前，小艾说道："光学的应用日新月异。对于如何使用光，科学家们每隔一段时间就会发明新的技术，真可谓是不停追逐光的脚步，听我慢慢道来。"

光阴似箭，日月如梭。时光的河入海流，未来光学怎么走？人类在对光的研究中受益良多，每一次突破都带来技术的革新。在历史的长河中，科学家们的贡献就像一级级的台阶，通往光学的大厦。

光学的发展历史

光学是物理学的重要分支学科，也是与光学工程技术相关的学科。狭义来说，光学是关于光和视见的科学。而今天常说的光学是研究从微波、红外线、可见光、紫外线到 X 射线、γ 射线的宽广波段范围内的电磁辐射的产生、传播、接收和显示，以及与物质相互作用的科学。

《墨经》对运动着的物体的影子动与不动的关系作了说明："光至，景亡；若在，尽古息。"

光学是一门有悠久历史的学科，它的发展史可追溯到两千多年前。人类对光的研究，最初主要是试图回答如何才能看见周围的物体等问题。中国的《墨经》中记录了世界上最早的光学知识，它有八条关于光学的记载，叙述了影的定义和生成、光的直线传播和小孔成像等，并且以严谨的文字讨论了在平面镜、凹面镜和凸面镜中物和像的关系。

自《墨经》开始，在两千多年的历史长河中，光学的发展史如下：11 世纪，海塞姆发明了透镜；1590 年至 17 世纪初，詹森和李普希同时相互独立地发明了显微镜；直到 17 世纪上半叶，斯涅耳和笛卡尔将光的反射和折射的观察结果总结为今天所惯用的光的反射定律和折射定律。

1665 年，牛顿进行了光的色散实验。实验中，太阳光被分解成简单的组成部分，这些成分形成一个颜色按一定顺序排列的分布图——光谱。

显微镜

19世纪初，波动光学初步形成。其中为人们所熟知的是惠更斯－菲涅耳原理，用它可圆满解释光的干涉和衍射现象，也能解释光的直线传播。

1900年，普朗克从物质的分子结构理论中借用了不连续性的概念，提出了辐射的量子论，光的量子称为光子。量子论不但给光学，也给整个物理学提供了新的概念，通常把它的诞生视为近代物理学的起点。

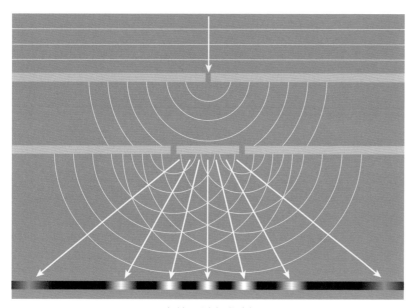

光的干涉与衍射

1905年，爱因斯坦把量子论用于光电效应之中，并对光子作了十分明确的解释。1905年9月，德国《物理学年鉴》发表了爱因斯坦的《关于运动物体的电动力学》一文。第一次提出了狭义相对论的基本原理。

这样在20世纪初，一方面从光的干涉、衍射、偏振以及运动物体的光学现象验证了光是电磁波；另一方面从热辐射、光电效应、光压以及光的化学作用等证明了光的量子性——微粒性。

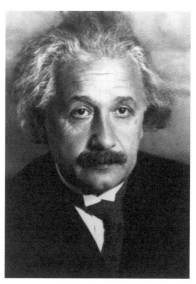

爱因斯坦

现代光学

由于激光的发现和发展，产生了一系列新的光学分支学科，并得到了迅速发展。

激光器现已能够产生高度指向性、高度单色性、频率可调谐和超短脉冲的光源。高分辨率光谱、皮秒超短脉冲以及可调谐激光技术等已使经典的光谱学发生了深刻的变化，发展成为激光光谱学。同时，通过激光技术还能获得高功率、飞秒超短脉冲的激光，研究这类激光与物质的相互作用已发展成超快光学。以上这些新兴学科成为研究物质微观结构、微观动力学过程的重要手段，为原子物理学、分子物理学、凝聚态物理学、分子生物学和化学的结构和动态过程的研究提供了前所未有的新技术。

几十年来的发展表明，激光科学和激光技术极大地促进了物理学、化学、生命科学和环境科学等学科的发展，已形成一批十分活跃的新兴学科和交叉学科，如激光化学、激光生物学、激光医学、信息光学等。同时，激光还在精密计量、遥感和遥测、通信、全息术、医疗、材料加工等方面获得了广泛的应用。

 想一想

科技的发展日新月异，畅想一下：光学在未来会有怎样的发展呢？现在如何做，才能追上科技进步的脚步呢？

知识卡

* 中国的《墨经》论述了很多光学现象。

* 量子论的诞生被视为近代物理学的起点。

* 激光科学的发展推动着科技的进步。

7

恰好的温度

土与火的艺术

　　"什么时候吃饭啊，我快饿晕了。"琪琪冲着厨房不停地发牢骚，"我今天经受了身体与头脑的双重折磨，真的太累了。饥饿的时间总是过得这么慢，爱因斯坦的相对论还真没说错。"

　　"来了，来了。"妈妈端着最后一道菜走出厨房。

　　"我感觉我的眼睛在发光。小艾，你说眼睛放光属不属于光学的范围呢？"琪琪不怀好意地说道。

　　小艾露出无奈的表情说："给你一个表情，你自己体会。"

　　"砰"，玻璃碎裂的声音传来，原来是琪琪不小心打翻了桌子上的玻璃杯。

　　"不好意思啊，大不了我自己做一个赔你们。"琪琪吐吐舌头说道。

　　妈妈和小艾同时侧目，仿佛在说：给你个眼神，你自己体会。

　　"你真的知道玻璃是怎么做的吗？还是让我来告诉你吧。"小艾自信地说道。

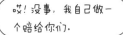

哎！没事，我自己做一个赔给你们.

玻璃制品在生产和生活中扮演着重要的角色，无论是为我们遮风挡雨的玻璃窗，还是色彩鲜艳的玻璃艺术品，抑或是使用广泛的玻璃容器，现代社会已是随处可见。讲到玻璃的生产工艺，不得不提到陶瓷制品。玻璃与陶瓷的原材料都来自大自然，都要经过烈火的淬炼，真可谓是土与火的艺术。

玻璃的成分

玻璃是一种无机非金属材料，一般由多种无机矿物和少量辅助原料制成。由此看来，玻璃实际上是一种混合物。在某些情况下，人们会在制作玻璃制品时加入一些其他物质，从而制成具有特殊性质的玻璃，比如混入了某些金属氧化物或者盐类而显现出颜色的有色玻璃，通过物理或者化学的方法制得的钢化玻璃等。

制造玻璃的主要无机矿物有石英砂、硼砂、硼酸、重晶石、碳酸钡、石灰石、长石、纯碱等。

手工烧制玻璃制品

享誉世界的陶瓷

硅酸盐指的是硅、氧与其他化学元素结合而成的化合物的总称。它在地壳中分布极广，是构成多数岩石和土壤的主要成分。

陶瓷和玻璃一样，也是硅酸盐制品。它的主要原料是天然的矿物或岩石，其中多为硅酸盐矿物。这些原料种类繁多，分布广泛，在地球中含量丰富，为陶瓷工业的发展提供了有利的条件。早期的陶瓷制品均用单一的黏土矿物原料制作而成。后来，随着陶瓷工艺技术的快速发展以及对制品性能要求的日益提高，人们逐渐地在坯料中加入其他矿物原料，即除用黏土作为可塑性原料以外，还适当加入石英作为瘠性原料，加入长石以及其他含碱金属的矿物作为熔剂原料。

狗形陶鬶

陶瓷是陶器与瓷器的统称，二者皆为我国的特色工艺美术品。新石器时代，我国已有风格迥异的彩陶和外表朴实的黑陶。陶与瓷的质地不同，性质各异。陶，是以黏性较高、可塑性较强的黏土为主要原料制成的，不透明，有细微气孔和微弱的吸水性，敲击后发出的声音较为浑浊。瓷，是以黏土、长石和石英制成的，半透明，不吸水，抗腐蚀，敲击后发出的声音较为清脆。我国传统的陶瓷工艺美术品质高形美，具有很高的艺术价值，闻名于世界。

瓷碗

陶瓷的制作工艺

首先是坯料的制备。日用陶瓷坯料通常是指将陶瓷原料与配料混合加工后，形成具有成形性能并符合质量要求的混合物。

手工拉坯

可塑法成形是在外力作用下，使具有可塑性的坯料发生塑性变形而制成坯体的方法。

釉是熔化在陶瓷制品表面上的一层很薄的均匀玻璃质层。

陶瓷制作工艺

其次是成形。陶瓷制品的成形就是采用不同的方法将坯料制成具有一定形状和尺寸的坯件。根据坯料含水率和性能的差异，陶瓷的成形方法分为可塑法、注浆法和压制法。

然后是上釉。当给坯体表面上釉后，可使制品变得有光泽、坚硬、不吸水。上釉不仅可以改善陶瓷制品的性能，还可以提高实用性和艺术性。上釉完成后，因为成形后的各种坯体通常含水率较高，尚处于塑性状态，强度很低，不利于后续的加工和运输，所以还需要进行干燥处理。

最后是烧成。原料是基础，烧成是关键。在陶瓷生产过程中，烧成是至关重要的工序之一。陶瓷制品的烧成过程就是在一定的温度条件下，对经过成形、上釉、干燥后

的陶瓷坯体进行高温处理，使其发生一系列物理、化学变化，形成独特的物质组成和结构，最终具有陶瓷制品的各种特性。

坯体表面的釉层在烧成过程中也发生了各种变化，最终形成了玻璃态物质，从而具有各种理化性能和装饰效果。

青花瓷

青花瓷，又称白地青花瓷，有时简称青花，是中国瓷器的主流品种之一，属釉下彩瓷。青花瓷以含氧化钴的钴矿为原料，先在陶瓷坯体上描绘纹饰，再上一层透明釉，经高温火焰一次烧成。钴料烧成后呈蓝色，具有着色力强、烧成率高、呈色稳定的特点。早期的青花瓷于唐宋已见端倪，成熟的青花瓷则出现在元代景德镇的湖田窑。明代，青花成为瓷器的主流。明清时期，工匠们还创烧了青花五彩、孔雀绿釉青花、豆青釉青花、青花红彩、黄地青花、哥釉青花等衍生品种。

用以制作青花瓷的原料种类众多，各具特色。主要有回青、平等青、石子青、化学青料等。

中国古代的青花瓷，绘画装饰清秀素雅，瓷器底部的文字和图案款识种类繁多，各个时期的款识均有鲜明的时代特征。从青花瓷款识的形式、种类来看，主要可分为纪年款、吉言款、堂名款、赞颂款和纹饰款五大类。

想一想

玻璃与陶瓷都是十分常见的物品。找一找：身边有哪些物品属于玻璃制品或者陶瓷制品？

知识卡

* 玻璃与陶瓷的原料都是硅酸盐矿物。
* 陶瓷的制作工艺一般包括坯料制备、塑形、上釉、干燥、烧制、装饰等。

宜居的环境

吃完晚饭，琪琪与爸爸妈妈在小区里散步聊天。在交谈中，琪琪又把知识复习了一遍。爸爸妈妈看着琪琪愉快的笑容，心想：或许，这就是学习的乐趣吧。

爸爸刚想再问一个问题，琪琪便一溜烟地跑出去了，原来是遇到好朋友了。

大约半小时后，琪琪蹦跳着回到楼下，不停地在自己面前扇动着双手，说道："这天也太热了，简直快要热疯了。"此时的她脸颊发红，汗水滴落。

"哼哧，哼哧。"小区里最年迈的金毛犬张着嘴巴，伸着舌头，慢悠悠地经过琪琪，瞅了一眼，摇了摇头。

回到家，琪琪一边用毛巾擦汗，一边急不可耐地说："赶快开空调啊，这种天气真不适合人类生活，连狗都受不了啦。"

小艾远程打开空调并说道："虽然我们生活的环境夏天很热，冬天又很冷，但是在目前已知的宇宙中，地球仍是最适合人类居住的星球。你知道为什么吗？"

浩瀚的宇宙有无数环境各异的星球。在这些星球中，有的持续高温，有的冰天雪地，还有的温差极大。唯有地球日夜轮转，四季分明，孕育了无数生命。让我们一起来揭秘地球宜居的环境是如何实现的。

揭秘热辐射

热量传递的三种方式分别是热传导、热对流与热辐射。

绝对零度约等于 −273.15℃。

作为热量传递的三种方式之一，热辐射是指物体由于具有温度而辐射电磁波的现象。一切温度高于绝对零度的物体都能产生热辐射。温度愈高，辐射出的总能量就愈大，所含的短波成分也愈多。一般来说，身边常见的热辐射主要靠波长较长的可见光和红外线传播。由于电磁波的传播不需要任何介质，所以在真空中热辐射是唯一的传热方式。

热辐射的特点如下：首先，任何物体，只要温度高于绝对零度，就会不停地向周围空间发出热辐射；其次，热辐射可以在真空和空气中传播，并伴随能量形式的转变；最后，热辐射具有强烈的方向性，辐射能与温度和波长均有关。

无时无刻不在辐射能量的太阳

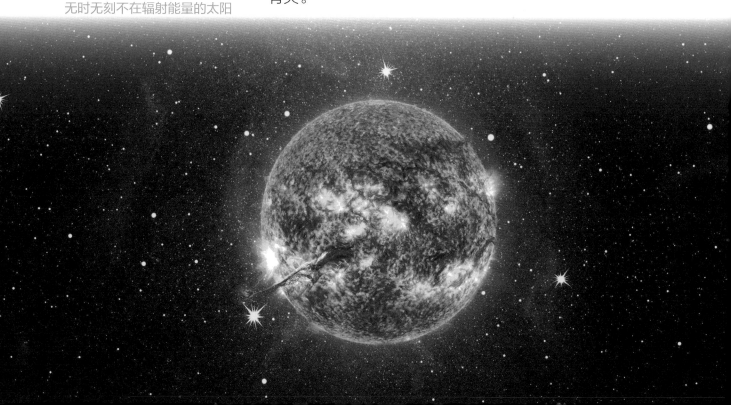

太阳是一个不断发光的巨大恒星，无时无刻不在向宇宙空间辐射热量与其他能量。由于地球所处的位置有利于接受适中的光照，所以太阳所有辐射的能量可以直接供给植物，让其自由利用并进行光合作用。太阳为地球提供的光、热资源是地球上生物生长发育的必要条件。

探索大气层

大气层又称大气圈，是在重力作用下围绕着地球的一层混合气体，包围着海洋和陆地。大气层没有确切的上界，在离地表 2000—16000 千米的高空仍有稀薄的气体和基本粒子。地下的土壤和某些岩石会有少量气体，它们也被认为是大气层的一个组成部分。地球大气的主要成分为氮气、氧气、二氧化碳和一些微量气体，这些混合气体被称为空气。

整个大气层随高度不同表现出不同的特点，分为对流层、臭氧层、平流层、中间层、热层和散逸层，再上面就是星际空间了。

对流层位于大气的最底层，从地球表面开始向高空延伸，直至对流层顶端。对流层的温度、湿度等分布不均匀，主要是因为对流层与地表接触，水蒸气、尘埃、微生物以及人类活动产生的有毒物质会进入该层空间。故对流层中除了气流做垂直和水平运动外，化学过程十分活跃，并伴随气团变冷或变热，水汽会形成雨、雪、雹、霜、露、云、雾等一系列天气现象。

强对流天气是指出现短时强降水、雷雨大风、龙卷风、冰雹等现象的灾害性天气，它发生在对流云系或单体对流云块中。

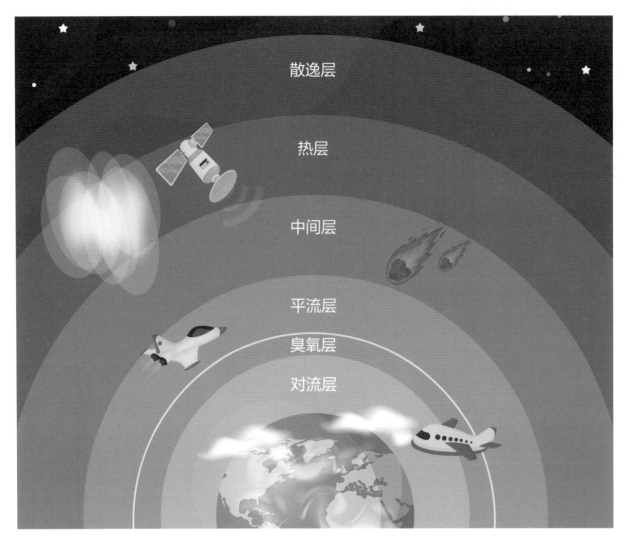

散逸层

热层

中间层

平流层

臭氧层

对流层

大气层结构示意图

大气的保温作用

　　大气层就像是一条毛毯，均匀地包住整个地球，使整个地球好像处在一个温室之中。白天灼热的太阳发出强烈的短波辐射，大气层能让这些短波光顺利到达地球表面，使地表增温。晚上，没有了太阳辐射，地球表面向外辐射热量。因为地表的温度不高，所以以长波辐射为主，而这些长波辐射又恰好是大气层不允许通过的，所以地表热量不会扩散太多，地表温度也不会降得太低。这样，大气层就起到了调节地球表面温度的作用，这种作用就是大气的保温作用。

总而言之，大气层可以使地球上的温度保持相对稳定；可以吸收来自太阳的紫外线，保护地球上的生物免受伤害；可以阻止来自太空的高能粒子过多地进入地球，阻止陨石撞击地球。所以，在多重因素的影响下，地球的环境成为真正宜居的环境。

臭氧层空洞

臭氧层是地球的大气防护层，可有效防止某些太阳射线对地球生物的伤害，如引发皮肤癌、农作物减产等。联合国先前发布报告称，如果各国不采取行动，到 2030 年前，全球每年可能新增 200 万皮肤癌患者。

臭氧层自 20 世纪 70 年代末被发现以来，出现明显损耗。20 世纪 80 年代，冰箱、空调等制冷设备的普及，使某些人造氟化物作为致冷剂大行其道。科学界随后证实，氯氟烃等氟氯碳化物是导致南极上空出现臭氧层空洞的重要原因，因为氟氯碳化物释放的氯和溴可直接损耗臭氧。

1987 年，联合国为了避免工业产品中的氟氯碳化物继续对地球臭氧层造成恶化及损害，签署了新的环境保护公约《蒙特利尔破坏臭氧层物质管制议定书》，又称《蒙特利尔议定书》。该议定书自 1989 年 1 月 1 日起生效。此后，臭氧层的臭氧损耗情况出现好转。

 想一想

热辐射是热量传播的方式之一。你能说出热辐射在生活中还有哪些应用吗？请你查阅资料：大气层除了对流层外，其他圈层还有什么特点。

知识卡
* 合适的距离让地球稳定地接收来自太阳的热辐射。
* 大气的保温作用让地球保持适宜的温度。

夏日里的清凉

琪琪洗完澡，房间里的空调已经把温度降了下来。琪琪舒舒服服地坐在书桌前读书，当看到书中介绍的有关热传导与热对流的知识时，琪琪歪着头陷入了思考，不一会儿，又双手托着下巴，面露难色。

突然，琪琪站在椅子上，向上伸直了她的双手。"哈，果然是热的。"琪琪开心地自言自语。

"小艾，你知道为什么夏天在开空调的房间里接近屋顶的空气要比下面热吗？"琪琪问道。

"我知道啊。"小艾话音未落，琪琪抢着说道："不，你不知道，是因为热空气比较轻。怎么样？小艾你也有不懂的时候吧，哈哈。"

你知道为什么上层的空气比较热吗？

琪琪走出房间准备从冰箱里拿出冰淇淋。"你先来摸摸冰箱的侧面。"妈妈说道。琪琪用手摸了摸冰箱的侧面，感到有一些热，还有一些振动。

"除非你能弄清楚为什么冰箱外侧是热的而里面却是冰凉的，你才可以吃冰淇淋。"妈妈说。

"小艾，你能告诉我为什么空调和冰箱能在夏天带给我们清凉吗？"琪琪用哀求的眼神望向小艾。

炎热的夏季，冰箱与空调俨然成了每个家庭的标配。我们在享受夏日里的清凉时，有没有想过它们为什么能在高温的天气下保持低温状态。让我们一起来学习一下吧。

冰箱的制冷原理

我们可以把冰箱分成两部分：冰箱内装置和冰箱外装置。冰箱内装置的主要作用是吸收热量，也就是制冷，它的主要部件是蒸发器。冰箱外装置的作用是散热和提供动力，它的主要部件是压缩机、冷凝器和毛细管。

冰箱制冷离不开致冷剂。致冷剂的致冷原理并不是靠降低自身温度来达到吸热效果的，而是用了一种物理现象——液体沸腾吸热。为什么冰箱里的液体致冷剂可以沸腾呢？这是另一个物理知识——压力越低，沸点越低。

致冷剂在常温状态下是气态的，换句话说，把液态致冷剂放到常温下，它就会沸腾。而致冷剂之所以能够在冰箱内变成液态，是因为冰箱内为致冷剂提供了高压的环境。

让我们以致冷剂的视角，从压缩机出发，模拟一下冰箱的制冷过程。压缩机启动，为致冷剂的运动提供动力。气态致冷剂穿过冷凝器遇到毛细管，但毛细管的管道比较细，使得大量致冷剂拥挤在冷凝器内。一端将致冷剂往毛细管里面推，一端堵着不让过，滞留在冷凝器中的致冷剂越来越多，压力也就越来越大了。压力增大后，气态致冷剂开始液化，液化的过程中伴随着吸热，于是滞留在冷凝器前半段的致冷剂就是高温高压的液态。这些致冷剂在冷凝器中慢慢降温，直至与室温一样后，开始慢慢排队通过毛细管。蒸发器的管道较粗，通过毛细管的致冷剂压力突

致冷剂常用的材料是部分卤代烃（尤其是氯氟烃），但由于它们会造成臭氧层空洞而逐渐被淘汰。其他应用较广的有氨气、二氧化硫和非卤代烃（如甲烷）等。

然降低，于是液态致冷剂开始沸腾并气化（伴随吸热）。直至致冷剂完全通过蒸发器后，才完全成了常温常压的气态。气态致冷剂重新通过压缩机，继续新一轮的循环。

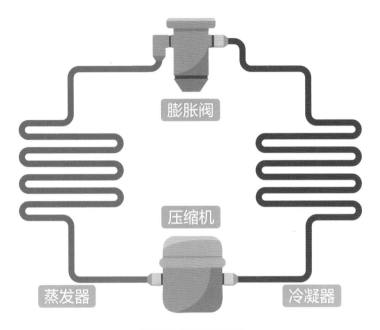

压缩冷却循环模型

空调的制冷原理

四通阀是具有四个油口的控制阀。它是制冷设备中不可缺少的部件，可以通过控制电磁阀线圈的通电与否，实现制热与制冷的切换。

压缩机将气态的致冷剂压缩为高温高压的气态，并送至冷凝器进行冷却，经冷却后变成中温高压的液态致冷剂，进入干燥瓶进行过滤与去湿，中温液态的致冷剂经膨胀阀（节流部件）节流降压，变成低温低压的气液混合体（液体多），经过蒸发器吸收空气中的热量而汽化，变成气态，然后再回到压缩机继续压缩，继续循环进行制冷。空调在制热的时候，致冷剂会在四通阀的作用下，先进入蒸发器，再进入冷凝器，流向与制冷时正好相反，所以制热的时候室外机吹的是冷风，室内机吹的是热风。

冰箱里的霜来自哪里

据了解，冰箱里的大部分水汽来自空气。当人们打开冰箱存放食品时，室内空气和冰箱内气体自由交换，室内的湿空气悄悄地进入冰箱里。还有一部分水汽来自冰箱里存放的食品，如清洗干净的蔬菜、水果等食品中的水分蒸发，遇冷后凝结成霜。特别在夏天，室内的气温高，湿度大，室温与冰箱内的温差较大。当你打开冰箱时，一股凉气从里向外流，而室内空气往冰箱里钻。少许时间，冰箱面壁上就会凝结一层白霜。人们还发现，即使冰箱里不放任何东西，经常打开的冰箱里面也会有厚厚一层霜。可见，冰箱中的水汽一部分来自空气。

有些冰箱需要定期除霜，但人工除霜既费时又费力，而且除霜效果十分不佳。我们可以这样做：按照冰箱冷藏室的尺寸，剪一块稍厚的塑料薄膜，贴于冷藏室结霜壁上。除霜时，将冷藏室的食物暂时取出，再把塑料薄膜揭下抖动一下，冰霜即可全部脱落。

 想一想

家用电器使用时间过久，就会出现一些小问题，比如冰箱结霜等。那么，请你想一想：空调可能会出现哪些小问题？为什么会出现这些问题？

知识卡

* 冰箱内装置的主要部件是蒸发器。冰箱外装置的主要部件是压缩机、冷凝器和毛细管。

* 冰箱和空调都是通过致冷剂吸热达到制冷效果的。

冬日里的温暖

　　开心的寒假又来临了。这天，琪琪做完上午的作业，终于可以和小伙伴们出去玩耍了。

　　"等一下，带个暖宝宝，不要把手冻伤了。"妈妈边说边把一个暖宝宝装在琪琪的口袋里。琪琪缩着脖子，双手插在口袋里，慢悠悠地出门了。

　　她的好朋友冰冰正在楼下等她。冰冰见到琪琪来了，说道："好冷啊，我的手都要冻僵了。"

　　"没关系，看我的神器。"琪琪说着便从口袋里取出暖宝宝，稍一弯折就递给冰冰了。温暖慢慢地扩散到冰凉的手掌，冰冰的双手不再冰凉了。

　　"真神奇啊，琪琪，你知道暖宝宝为什么能发热吗？"冰冰问道。

　　"我也不知道，不过我可以回去问问小艾。等我知道了，一定最先告诉你。"琪琪回答道。

　　中午时分，琪琪回到家里，一进门就闻到了一股香味。"妈妈，什么这么香啊？"琪琪问道。

　　"自热火锅。"妈妈答道。

　　琪琪突然想到上午冰冰问的问题，立即问小艾："小艾，暖宝宝和自热火锅都是怎么发热的？"

你知道暖宝宝为什么能发热吗？

寒冷的冬天，有很多可以发热的设备能够带给我们温暖，比如暖宝宝、充电暖水袋等。这些设备的发热原理是什么呢？我们一起来学习吧。

暖宝宝的由来

20 世纪 70 年代，日本人基于化学知识发明了暖贴。它是一种不用火、电、水或其他能源，撕开外袋就能发热的物品，可在 52℃ 的平均温度下，持续保温 8—18 小时左右，因此又叫暖宝宝或便利怀炉。如今，暖宝宝已经成为日本民众现代生活的必需品。冬季户外活动时，使用暖宝宝可防止肌肉过冷而紧张、防止手部冻伤、预防感冒或者缓解腰痛、腿痛、肩痛和其他生理病痛。所以一到冬季，暖宝宝的销量就异常火爆。因为不使用火，所以小孩和老人都可安全使用。

暖贴

通过氧化还原反应产生电流的装置称为原电池。原电池反应属于放热反应。

暖宝宝的工作原理

暖宝宝作为一种可供取暖的物品，它的工作原理是利用原电池加快氧化反应速度，将化学能转变为热能。为了使温度能够持续更长时间，暖宝宝中还添加了矿物材料蛭石来保温。

暖宝宝内部的物质为铁和水，透氧后，发生反应，放出热量。

因为在使用前不能发生反应，所以袋子的材质要很特别，主要由原料层、明胶层和无纺布袋组成。无纺布袋是采用微孔透气膜制作的，它还得有一个常规不透气的外袋。使用时，需要去掉外袋，让内袋（无纺布袋）暴露在空气里，空气中的氧气通过透气膜进入内部并发生反应。放热的时间和温度就是通过透气膜的透氧速率进行控制的。如果透氧太快，热量一下子就放掉了，而且还有可能烫伤皮肤；如果透氧太慢，就没有什么温度了。

自热火锅的原理

　　自热火锅的发热包和暖宝宝的发热包最大的区别就是多了一个生石灰。因为暖宝宝是靠揭开保护膜之后氧气渗入发生氧化还原反应发热的，材料包中的材料主要由一个原电池的材料组成，以此实现持续发热。而自热火锅的发热包是靠加了水之后引发反应，同样也要利用原电池原理提供持续、稳定的反应。

　　据了解，自热火锅加热包的主要成分是焙烧硅藻土、铁粉、铝粉、焦炭粉、活性炭、盐、生石灰、碳酸钠等。发热原理其实很简单，石灰发热包当中的氧化钙（又称生石灰）遇水就会发生放热反应，转化成氢氧化钙（又称熟石灰），释放热能并产生水蒸气，从而煮熟食物。火锅盒盖上设有的小气孔可以用来排走盒内的水蒸气。

① 加入食材和调料包。

② 在加热盒中加入冷水。

③ 将加热包放入水中。

④ 将食材盒置于加热包上方。

⑤ 在食材盒中加入汤包。

⑥ 盖上盖子，等待片刻。

自热火锅的使用步骤

生石灰和熟石灰的妙用

1. 茶壶、茶杯长时间使用后会形成茶垢，清水难以洗净。如用熟石灰调成糊洗擦，则能很快将茶垢除去。

2. 当玻璃瓶内产生难以洗净的油渍时，可放入一些熟石灰，再灌入少许温开水，然后伸入瓶刷搅动，待水溶液出现浑浊并有悬浮物泛起时倒出，再用清水冲刷，就能将瓶内油渍洗净。

3. 生石灰可用作干燥剂，能够吸收水分，可以起到干燥的作用。在大小适宜的瓦缸或瓦坛中垫放部分生石灰，然后将需要贮藏的腊肉等食物放入，缸口或坛口垫纸数张，加盖压紧，即可防止腊肉变味。

4. 可用生石灰制成破碎剂，专门用于拆除城市住宅密集区及商业繁华地段的旧水泥构件的楼房。这种化学力破碎与传统的用炸药爆破相比，具有无爆炸声、无振动、无尘沙飞扬等优点；还能保证施工安全，降低对拆除楼房周边的交通影响。

 想一想

在生活中，经常会利用物质的化学特性制成我们需要的物品，比如暖宝宝和自热火锅都是对物质在反应时放出的热量加以利用。你一定听说过退热贴，想一想：它的工作原理是什么呢？

知识卡

* 暖宝宝是通过原电池原理和控制透氧量放出热量来实现持续发热的。

* 自热火锅是通过生石灰与水反应放出热量来煮熟食物的。

丛书主编简介

褚君浩，半导体物理专家，中国科学院院士，中国科学院上海技术物理研究所研究员，华东师范大学教授，《红外与毫米波学报》主编。获得国家自然科学奖三次。2014 年被评为"十佳全国优秀科技工作者"，2017 年获首届全国创新争先奖章。

本书作者简介

鲁婧，信息科技学科高级教师，上海市徐汇区逸夫小学副校长，上海市"双名工程""攻关计划"信息科技基地成员，徐汇区信息科技学科中心组成员。曾获上海市中小学中青年教师教学评选活动（中小学信息科技）二等奖，入选上海市教委教学研究室专家库，被评为徐汇区"好党员"。

汪东旭，上海市徐汇区逸夫小学教师，担任自然学科与乐高课程的教学工作，创设的编程俱乐部等深受学生喜爱。具有多年教学经验，学科知识丰富。曾在上海市徐汇区中小学拓展学科教学评比中获一等奖，获2021 学年逸夫小学"好园丁"称号。

图书在版编目（CIP）数据

奇妙物语 / 鲁婧，汪东旭编著. — 上海：上海教育
出版社，2021.8
（"科学起跑线"丛书 / 褚君浩主编）
ISBN 978-7-5720-1058-3

Ⅰ. ①奇… Ⅱ. ①鲁… ②汪… Ⅲ. ①物理学 – 青少
年读物 Ⅳ. ①O4-49

中国版本图书馆CIP数据核字(2021)第134094号

策 划 人　刘　芳　公雯雯　周琛溢
责任编辑　袁　玲　公雯雯
整体设计　陆　弦
封面设计　周　吉

"科学起跑线"丛书
奇妙物语
鲁　婧　汪东旭　编著

出版发行　上海教育出版社有限公司
官　　网　www.seph.com.cn
地　　址　上海市永福路123号
邮　　编　200031
印　　刷　上海雅昌艺术印刷有限公司
开　　本　889×1194　1/16　印张 10.25　插页 1
字　　数　168 千字
版　　次　2021年8月第1版
印　　次　2021年8月第1次印刷
书　　号　ISBN 978-7-5720-1058-3/N·0006
定　　价　68.00 元

如发现质量问题，读者可向本社调换　电话：021-64377165